主办　中国建设监理协会

中国建设监理与咨询

15

2017 / 2
总 第 1 5 期

CHINA CONSTRUCTION
MANAGEMENT and CONSULTING

U0248138

中国建筑工业出版社

图书在版编目（CIP）数据

中国建设监理与咨询　15 / 中国建设监理协会主办. —北京：中国建筑
工业出版社，2017.4
　　ISBN 978-7-112-20709-1

　　Ⅰ.①中…　Ⅱ.①中…　Ⅲ.①建筑工程—施工监理—研究—中国
Ⅳ.①TU712.2

　　中国版本图书馆CIP数据核字（2017）第077881号

责任编辑：费海玲　焦　阳
责任校对：焦　乐　张　颖

中国建设监理与咨询　15

主办　中国建设监理协会
＊
中国建筑工业出版社出版、发行（北京海淀三里河路9号）
各地新华书店、建筑书店经销
北京嘉泰利德公司制版
北京缤索印刷有限公司印刷
＊
开本：880×1230毫米　1/16　印张：$7\frac{1}{2}$　字数：300千字
2017年4月第一版　2017年4月第一次印刷
定价：**35.00**元
ISBN 978-7-112-20709-1
　　（30369）

中国建设监理与咨询

目录 CONTENTS

■ 行业动态

■ 政策法规

■ 本期焦点：聚焦全国建设监理协会秘书长工作会议

■ 协会工作

■ 监理论坛

■ 项目管理与咨询

■ 创新与研究

■ 人才培养

■ 人物专访

■ 企业文化

中国建设监理协会微信公众号开通

近日，中国建设监理协会微信公众号"caec-china"正式开通运行。

"中国建设监理协会"微信公众号是中国建设监理协会工作的重要网络宣传阵地、信息发布渠道和舆论引导平台。主要推送监理行业最新政策，交流工程管理经验，宣传监理行业正能量，并及时公布协会工作动态。

"中国建设监理协会"微信公众号的上线开通，是中国建设监理协会主动适应微时代信息传播的即时性、移动性、互动性等特点，充分利用微信这个可随身携带的移动新社交媒体，不断加强和改进新形势下的中国建设监理协会的工作，推动协会工作与时俱进、创新发展的重要举措。公众号旨在成为中国建设监理协会宣传工作的窗口、联系会员的桥梁。

微信添加方法如下：打开手机微信，点击右上角"+"——方法一：点击"添加朋友"——输入"caec-china"——点击"关注"；方法二：点击"扫一扫"——扫描二维码图片——点击"关注"。

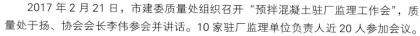

北京市住建委召开预拌混凝土驻厂监理工作会

2017年2月21日，市建委质量处组织召开"预拌混凝土驻厂监理工作会"，质量处于扬、协会会长李伟参会并讲话。10家驻厂监理单位负责人近20人参加会议。

会上，10家驻厂监理单位负责人从全年合同签订、资金回收、进驻站点、完成监理预拌混凝土数量、人员调配培训、各自工作管理亮点等方面汇报了2016年驻厂监理工作情况。同时提出存在的供货合同不规范、施工现场随意变更施工方案、个别搅拌站代做试块、驻厂监理资料过于烦琐重复等突出问题。

质量处于扬同志讲话强调：一是加大宣传力度，充分体现驻厂监理的工作成效，促进驻厂监理工作更好地开展；二是加强对混凝土生产质量的把控，发现搅拌站和施工单位存在违法违规行为，及时向市区建设行政主管部门和属地质量监督机构反映；三是市监理协会和协调小组要强化工作上报制度（月报、季报、半年报、年报），各驻厂监理单位要充分利用信息化手段，推动月检查制度全面落实；四是加强队伍建设，各驻厂监理单位要将人员流动和业务培训紧密结合起来，进一步做好年度培训的工作；五是研究探索装配式住宅驻厂监理制度，力争在5月底前完成相应工作标准。

2017年，驻厂监理工作仍将是市住建委质量管理工作的重点内容，驻厂监理单位仍要高度重视，加强自身管理，履行自身职责，从源头上确保保障性安居工程结构质量安全，为首都的工程建设和质量安全发挥更大作用。

（张宇红　提供）

中国兵器工业建设协会监理分会2016年年会召开

2017年2月14日至2月17日，中国兵器工业建设协会监理分会2016年度工作会议于海南举行。

中国兵器工业建设协会常务理事高保庆、中国建设监理协会副会长雷开贵、中国兵器工业建设协会监理分会会长朱立权、秘书长黄慧及各会员单位的主要领导及相关人员30余人参加了会议。本次会议由分会秘书长黄慧主持。

大会由会长朱立权作题为《2016年监理分会工作总结和2017年监理分会工作要点》的报告。报告从分会换届选举、工程质量治理两年行动、协会工作、学习交流等几个方面全面详细地总结了分会2016年度的工作。并提出了分会2017年度重点工作，将加大研究行业发展方向、策略的力度，引导会员更好地适应市场的需要，鼓励和组织各会员单位多向或双向交流；积极和住建部、中建协联系，参与其组织的各项活动，发出兵器行业的声音，作出应有的贡献。

秘书长黄慧代表监理分会，宣读中国兵器工业建设协会关于表彰全国工程质量治理两年行动"优秀监理企业"和"先进监理企业"的决定。各会员单位汇报了本企业2016年经营成果，并进行经验交流，大家分别从不同角度介绍本企业在当前国家经济发展和工程建设新形势下，业务结构调整和转型发展的经验。同时就建设工程的前期咨询、勘察、设计、施工、监理等全过程一体化项目管理的服务模式进行专题研讨，全体会员单位相互学习受益颇深。中国建设监理协会和中国兵器工业建设协会有关领导分别作了发言。

全体监理分会会员单位一致表示，将在中国建设监理协会和中国兵器工业建设协会的指导下，不断探索监理行业发展新途径，为国家兵器工业建设和行业健康发展作出新的贡献。

（杨静　石俊丽　提供）

西安市建设监理协会三届二次理事会暨工程质量治理两年行动优秀监理部表彰大会召开

2017年3月10日上午，西安市建设监理协会组织召开了三届二次理事会暨工程质量治理两年行动优秀监理部表彰大会，号召会员单位持续发扬"工程质量治理两年行动"精神，打赢"工程质量安全提升行动"攻坚战。西安市建委建筑业管理处副调研员董克明，西安市建设监理协会会长朱立权、秘书长冀元成、副会长范中东等政府主管部门及协会领导参会。

会议审议并通过了协会秘书处2016年度工作总结、财务报告，2017年度工作重点安排及协会人事变更报告等协会文件。

会议对"工程质量治理两年行动优秀项目监理部评价活动"中涌现出的71个优秀监理部及其总监进行了授牌表彰，并分别为陕西兵器建设监理咨询有限公司、西安高新建设监理有限责任公司等六家单位颁发了协会2016年度监理行业贡献奖、提名奖。

会上，董克明副调研员、朱立权会长分别结合《国务院办公厅关于促进建筑业持续健康发展的意见》《工程质量安全提升行动方案》等重要文件，对监理行业的进一步发展进行剖析，鼓励会员单位在新形势下关注建筑领域的技术创新，加强人才储备，切实履行好监理职责，为实现"三年工程质量安全提升"目标，促进监理行业持续健康发展作出新的贡献。

（王赛　提供）

中国钢结构协会工程管理与咨询分会一届二次会议暨工程管理与咨询分会专家委员会成立大会圆满召开

中国钢结构协会工程管理与咨询分会（以下简称"分会"）一届二次会议暨工程管理与咨询分会专家委员会成立大会于2017年2月25日至26日在南京召开，中国钢结构协会常务副会长刘毅、中国建设监理协会副秘书长温健以及40余名会员代表出席会议，会议由分会理事长董晓辉主持。

在专家委员会成立大会上，董晓辉理事长指出专家委员会的成立旨在聚才聚智、合作创新、共赢发展，专家委员会将基于协会的工作框架与协作机制，团结我国钢结构工程管理与咨询领域的核心智力资源，通过合作交流、科技创新、信息共享与资源互补等方式，推动行业发展与技术进步。全体参会代表对首批专家委员会的主任委员、副主任委员、主任专家、委员建议名单进行了审议并表决通过，由刘毅副会长和温健副秘书长为首批受聘委员颁发聘书。

会上，由王东升秘书长向全体参会代表汇报了分会2016年度的工作开展情况并对下一阶段的工作进行了部署。刘毅副会长、温健副秘书长对大会的胜利召开表示衷心的祝贺，两位领导分别从现行国家规范、标准和要求，行业发展趋势，未来发展方向等方方面面，同时立足实际和与会代表们分享了在企业经营管理、人才培养储备等方面的经验做法，对分会的未来发展提出了殷切希望并致以衷心的祝福。

随后，中冶南方武汉威仕工程咨询管理有限公司、武汉宏宇建设工程咨询有限公司、北京远达国际工程管理咨询有限公司还分别围绕"第十届中国（武汉）国际园林博览会建设工程项目管理实践交流""监理企业的信息化管理""我认识的中国尊"等主题，进行了交流发言。

会后，分会组织参会代表，对国内顶尖的钢结构加工制造企业江苏沪宁钢机股份有限公司、中建钢构江苏有限公司进行了考察和交流学习。

本次会议的召开，将以推进钢结构工程管理水平为出发点，进一步凝聚全行业的优秀管理人才和管理经验，促进钢结构工程管理与咨询行业的健康快速发展，助力中国钢结构事业迈向新的辉煌。

深、穗、杭、蓉、汉五市建设监理协会订立《创新行业党建工作，引领行业健康发展》的约定

深圳市监理工程师协会
广州市建设监理行业协会
杭州市建设监理行业协会 **文件**
成都建设监理协会
武汉建设监理协会

深、穗、杭、蓉、汉监协〔2017〕1号

关于印发深、穗、杭、蓉、汉五市
监理协会《关于创新行业党建工作
引领行业健康发展的约定》的通知

各会员及相关单位：

经深、穗、杭、蓉、汉五市监理协会协商一致，特订立关于《创新行业党建工作，引领行业健康发展》的约定，现印发各单位会员及个人会员，请遵照执行。

五市监理协会将在此约定的基础上，于近期联合制定相关实

- 1 -

2017年3月10日，深圳、广州、杭州、成都、武汉五市监理协会在武汉市举行了交流、探讨活动，大家畅所欲言，各抒己见，就五市监理协会今后的合作交流和工作联动，监理行业的党建工作、行业自律和持续健康发展等方面达成了一系列共识，订立如下约定，自即日起执行：

一、建立健全和理顺行业党组织管理体系，提升会员企业党建覆盖率，发挥党组织在企业经营管理中的战斗堡垒作用；二、培育向党和政府负责的工程监理企业和监理队伍，引领行业持续健康发展；三、发挥党员监理人员在履行工程质量控制、安全生产管理法律职责、预防腐败等各个方面的先锋模范作用，推动工程监理服务品质的提升；四、以建立健全和理顺行业党组织管理体系为着力点，助推行业自律、自治、自强，促进工程监理价格与工程监理价值的全面匹配；五、立足施工阶段工程监理，把工程监理打造成为党和政府实施工程质量安全大提升的中坚力量和预防腐败的得力助手；提升全过程工程咨询品质，助推全过程工程咨询业的蓬勃发展。

（陈凌云 提供）

新版《建筑工程设计招标投标管理办法》5月施行

为落实《中共中央国务院关于进一步加强城市规划建设管理工作的若干意见》，进一步完善我国建筑设计招标投标制度，促进公平竞争，繁荣建筑创作，提高建筑设计水平，近日，住房城乡建设部颁布了修订后的《建筑工程设计招标投标管理办法》（住房城乡建设部令第33号，以下简称《办法》）。

建筑工程设计招标投标的规章是规范建筑设计市场健康有序发展的重要保障，原《办法》（建设部令第82号）于2000年发布实施，对规范建筑工程设计招标投标活动发挥了重要作用。随着建筑设计市场的发展变化，在建筑设计招标投标过程中，招标项目范围过宽、招标办法单一、建筑设计特点体现不足、评标制度不完善、评标质量不高等问题逐渐凸显。

为落实中央城市工作会议提出的完善建筑设计招标投标决策机制的要求、衔接《中华人民共和国招标投标法实施条例》等相关法律法规、健全适应建筑设计特点的招标投标制度，住房城乡建设部组织了对原《办法》的修订。修订后的《办法》共38条，针对我国建筑设计招标投标的问题，结合国际通行惯例，突出了以下4个方面。

第一，突出建筑设计招标投标特点，繁荣建筑设计创作。第二，创造良好市场环境，激发企业活力。第三，充分体现简政放权，放管结合优化服务。第四，落实相关法律法规要求，完善招标投标制度。

《办法》将从2017年5月1日起施行。

（摘自《中国建设报》 张菊桃 收集）

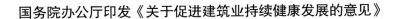

国务院办公厅印发《关于促进建筑业持续健康发展的意见》

近日，国务院办公厅印发《关于促进建筑业持续健康发展的意见》。

《意见》指出，建筑业是国民经济的支柱产业。改革开放以来，我国建筑业快速发展，建造能力不断增强，产业规模不断扩大，吸纳了大量农村转移劳动力，带动了大量关联产业，对经济社会发展、城乡建设和民生改善作出了重要贡献。但也要看到，建筑业仍然大而不强，监管体制机制不健全、工程建设组织方式落后、建筑设计水平有待提高、质量安全事故时有发生、市场违法违规行为较多、企业核心竞争力不强、工人技能素质偏低等问题较为突出。

《意见》提出，要坚持以推进供给侧结构性改革为主线，按照适用、经济、安全、绿色、美观的要求，深化建筑业"放管服"改革，完善监管体制机制，优化市场环境，提升工程质量安全水平，强化队伍建设，增强企业核心竞争力，加快产业升级，促进建筑业持续健康发展，为新型城镇化提供支撑，打造"中国建造"品牌。

《意见》从七个方面对促进建筑业持续健康发展提出具体措施。一是深化建筑业简政放权改革，优化资质资格管理，强化个人执业资格制度；完善招标投标制度，缩小必须招标的工程建设项目范围，将依法必须招标的工程建设项目纳入统一的公共资源交易平台。二是完善工程建设组织模式，加快推行工程总承包，培育全过程工程咨询，发挥建筑师的主导作用。三是加强工程质量安全管理，全面落实各方主体的责任，强化政府对工程质量安全的监管，提升工程质量安全水平。四是优化建筑市场环境，建立统一开放的建筑市场，健全建筑市场信用体系；加强承包履约管理，规范工程价款结算，通过工程预付款、业主支付担保等经济和法律手段规范建设单位行为，预防拖欠工程款。五是提高从业人员素质，加快培养建筑人才，改革建筑用工制度，大力发展以作业为主的专业企业；全面落实劳动合同制度，建立健全与建筑业相适应的社会保险参保缴费方式，保护工人合法权益。六是推进建筑产业现代化，大力推广智能和装配式建筑，推动建造方式创新；提升建筑设计水平，加强技术研发应用，完善工程建设标准。七是加快建筑业企业"走出去"，加强中外标准衔接，提高对外承包能力，鼓励建筑企业积极有序开拓国际市场；加大政策扶持力度，重点支持对外经济合作战略项目。

《意见》要求，健全工作机制，明确任务分工，完善相关政策，确保按期完成各项改革任务。充分发挥协会商会在规范行业秩序，建立从业人员行为准则，促进企业诚信经营等方面的自律作用。

（摘自　新华社　张菊桃　收集）

易军在促进建筑业持续健康发展新闻发布会上要求落实顶层设计　打造中国建造品牌

在住房城乡建设部于 2017 年 2 月 27 日召开的促进建筑业持续健康发展新闻发布会上，住房城乡建设部副部长易军指出，建筑业是我国国民经济的支柱产业、传统产业、基础性产业和朝阳产业，党中央、国务院高度重视建筑业改革发展，所以，国务院办公厅日前印发了《关于促进建筑业持续健康发展的意见》（以下简称《意见》）。这是建筑业改革发展的顶层设计，从深化建筑业简政放权改革、完善工程建设组织模式、加强工程质量安全管理、优化建筑市场环境、提高从业人员素质、推进建筑产业现代化、加快建筑业企业"走出去" 7 个方面提出了 20 条措施，对促进建筑业持续健康发展具有重要意义。

易军全面、细致、深入地解读了《意见》。易军说，在党中央、国务院的正确领导下，经过 30 多年的改革发展，建筑业的建造能力不断增强，产业规模不断扩大。建筑业还吸纳了大量农村转移劳动力，对经济社会发展、城乡建设和民生改善作出了重要贡献。

易军提醒，在看到成绩的同时，也要清醒地看到需要改进的地方。我们要看到，建筑业仍然"大而不强"，监管体制机制不健全、工程建设组织方式落后、建筑设计水平有待提高、质量安全事故时有发生、市场违法违规行为较多、企业核心竞争力不强、工人技能素质偏低等问题较为突出。这些问题严重制约并影响了建筑业的持续健康发展，是《意见》要着力解决的问题。

易军明确，解决上述问题必须遵循《意见》提出的以下四个方面的改革思路。一是坚持以推进供给侧结构性改革为主线，不断提升工程质量安全水平，为人民群众提供高品质、安全、美观、绿色的建筑产品。二是坚持以深化建筑业"放管服"改革为保障，加快完善体制机制，创建适应建筑业发展需要的建筑市场环境。三是以提高建筑工人素质为基础，推动"大众创业、万众创新"，培育现代建筑产业工人队伍。四是坚持以加快建筑业产业升级为核心，转变建造方式，提升我国建筑业的国际竞争力。

易军最后强调，《意见》充分体现了以市场化为基础、以国际化为方向的理念，是今后一段时间内建筑业改革发展的纲领性文件。我们要按照"先立后破、不立不破、试点先行、样板引路"的原则，健全工作机制，明确任务分工，完善相关政策，稳妥推进，确保按期完成各项改革任务。

（摘自住建部网站）

住建部出台《"十三五"装配式建筑行动方案》

为切实落实《国务院办公厅关于大力发展装配式建筑的指导意见》（国办发[2016]71号）和《国务院办公厅关于促进建筑业持续健康发展的意见》（国办发[2017]19号），全面推进装配式建筑发展，住房城乡建设部印发了《"十三五"装配式建筑行动方案》《装配式建筑示范城市管理办法》《装配式建筑产业基地管理办法》（建科[2017]77号）文件，要求：到2020年，全国装配式建筑占新建建筑的比例达到15%以上，其中重点推进地区达到20%以上，积极推进地区达到15%以上，鼓励推进地区达到10%以上。鼓励各地制定更高的发展目标。建立健全装配式建筑政策体系、规划体系、标准体系、技术体系、产品体系和监管体系，形成一批装配式建筑设计、施工、部品部件规模化生产企业和工程总承包企业，形成装配式建筑专业化队伍，全面提升装配式建筑质量、效益和品质，实现装配式建筑全面发展。到2020年，培育50个以上装配式建筑示范城市，200个以上装配式建筑产业基地，500个以上装配式建筑示范工程，建设30个以上装配式建筑科技创新基地，充分发挥示范引领和带动作用。

住房城乡建设部对当前建筑施工安全生产工作作出紧急部署

近日，一些地区接连发生建筑施工群死群伤事故，安全生产形势严峻，给人民群众生命财产造成重大损失。广州"3·25"高空作业平台坍塌事故、湖北麻城"3·27"脚手架坍塌事故发生后，住房城乡建设部立即组成事故督查组赶赴现场，指导配合地方做好人员搜救、事故应急及事故调查工作。为落实中央和国务院领导同志重要批示指示精神，住房城乡建设部办公厅印发《关于进一步加强建筑施工安全生产工作的紧急通知》（建办质函[2017]214号），对当前建筑施工安全生产工作作出紧急部署。

一要深刻认识当前安全生产严峻形势。进一步强化红线意识和底线思维，以高度责任感和使命感抓好建筑施工安全生产工作。要充分认识当前建筑施工安全生产面临的挑战，有针对性地采取强有力的应对手段及措施，强化监管，强化责任落实。

二要立即开展安全生产大检查。强化对高支模、深基坑、建筑起重机械、脚手架等危险性较大的分部分项工程的检查力度，及时消除施工现场存在的各类安全隐患，依法查处违法违规行为，坚决遏制建筑施工群死群伤事故的发生。住房城乡建设部将适时对安全生产事故严重及多发地区进行专项督查。

三要进一步加强安全生产标准化工作。推动实现建筑施工企业安全行为规范化、安全管理流程程序化、场容场貌秩序化和施工现场安全防护标准化。督促建筑施工企业加大安全生产投入，严格各项安全标准和要求，全面提高安全生产管理水平，逐步完善建筑安全生产标准化建设长效机制。

四要严肃追究安全生产事故责任。严格按照"四不放过"的原则，认真做好事故查处工作。严格执行事故查处挂牌督办制度，依法严肃追究事故责任单位和人员的责任。加大事故整改措施落实的监督检查力度，确保全国建筑施工安全生产形势稳定好转。

与此同时，住房城乡建设部决定用三年左右时间在全国开展工程质量安全提升行动。要求各级住房城乡建设主管部门围绕"落实主体责任"和"强化政府监管"两个重点，进一步完善工程质量安全管理制度，落实工程质量安全主体责任，强化工程质量安全监管，提高工程项目质量安全管理水平，提高工程技术创新能力，使全国工程质量安全总体水平得到明显提升。

（摘自《中国建设报》）

关于印发住房和城乡建设部建筑市场监管司2017年工作要点的通知

建市综函[2017]12号

各省、自治区住房城乡建设厅，直辖市建委，北京市规划国土委，新疆生产建设兵团建设局，国务院有关部门建设司（局）：

现将《住房和城乡建设部建筑市场监管司 2017 年工作要点》印发给你们。请结合本地区、本部门的实际情况，安排好今年的建筑市场监管工作。

附件：住房和城乡建设部建筑市场监管司 2017 年工作要点

中华人民共和国住房和城乡建设部建筑市场监管司

2017 年 2 月 24 日

附件

住房和城乡建设部建筑市场监管司 2017 年工作要点

2017 年，建筑市场监管工作思路是：认真贯彻党的十八大和十八届三中、四中、五中、六中全会及中央城市工作会议精神，深入学习贯彻习近平总书记系列重要讲话精神和治国理政新理念新思想新战略，全面落实全国住房城乡建设工作会议部署的工作任务，以贯彻落实《国务院办公厅关于促进建筑业持续健康发展的意见》（国办发 [2017]19 号）为主线，以深化建筑业重点环节改革为核心，以推动企业发展为目标，加强建筑市场监管，深入推进行政审批制度改革，促进建筑业持续健康发展。重点做好四个方面工作：

一、深化建筑业重点环节改革

（一）完善工程招投标和工程担保制度。探索民间投资的房屋建筑工程由建设单位自主决定发包方式。简化招标投标程序，尽快实现招投标交易全过程电子化。修订招标代理相关规章文件，落实招标人责任制。研究制定在房屋建筑和市政基础设施工程中进一步推行工程担保制度的意见，以银行保函或担保公司保函等形式，推行履约担保和业主支付担保。在采用常规通用技术标准的政府投资工程中，探索实行提供履约担保基础上的最低价中标。

（二）加快推进工程总承包。贯彻落实《关于进一步推进工程总承包发展的若干意见》。完善与工程总承包相适应的招投标、施工许可、专业业务直接发包等制度，优化监管流程。研究修订工程总承包合同示范文本，明确工程总承包的合同权利和责任。扩大工程总承包试点范围，指导地方积极推进工程总承包的发展，培育工程总承包骨干企业，推广工程总承包制。

（三）推进全过程工程咨询服务。试点开展全过程工程咨询服务模式，积极培育全过程工程咨询企业，鼓励建设项目实行全过程工程咨询服务。总结和推广试点经验，推进企业在民用建筑项目提供项目策划、技术顾问咨询、建筑设计、施工指导监督和后期跟踪等全过程服务。出台《关于促进工程监理行业转型升级创新发展的意见》，提出监理行业转型升级改革措施。

（四）提升建筑设计水平。贯彻落实《建筑工程设计招标投标管理办法》，推行建筑设计方案、设计团队等符合设计特点的招标方式，提高评标专家的专业水平和评标质量。起草建筑师负责制指导意见，扩大建筑师负责制试点范围，实现建筑师对建筑项目设计的管理控制。有序发展建筑工程设计事务所，激发设计人员创业创新活力。

（五）积极推进建筑用工制度改革。研究取消建筑施工劳务资质，大力扶持以作业为主的专业企业发展。促进建筑业农民工向技术工人转型，着力稳定和扩大农民工就业创业。研究建立建筑工人信息管理服务平台，以专业企业为建筑工人主要载体，推行建筑工人实名制管理，研究制定建筑工人实名制管理办法。

二、加强建筑市场监管

（六）推进法律法规制度建设。修订《建设工程勘察设计企业资质管理规定》《建筑业企业资质管理规定》《工程监理企业资质管理规定》及实施意见，完善企业资质管理制度。修订建筑施工专业承包合同示范文本、专业作业合同示范文本，完善合同管理制度。配合做好《建筑法》修订工作。

（七）优化建筑市场环境。继续推动建立统一开放的建筑市场，对企业反映强烈的地区壁垒问题进行督查，严厉查处设置不合理准入条件、擅自设立或变相设立审批、备案事项等行为。持续推进清理规范工程建设领域保证金工作，对有投诉举报的，严肃查处、严格问责。

（八）推进信用体系建设。继续推进全国建筑市场监管公共服务平台建设，重点完善企业、注册人员、项目和诚信数据库的数据采集质量。落实国务院守信联合激励和失信联合惩戒制度，研究建立建筑市场主体黑名单制度。加强全国建筑市场监管公共服务平台在建筑市场行政审批、事中事后监管中的应用，推进与全国信用信息共享平台等实现数据共享交换，及时公开企业和人员的信用记录。

（九）加强事中事后监管。落实"双随机、一公开"制度，强化层级监督，加强建筑市场违法违规行为的查处，对发生违法违规行为和质量安全事故的企业和个人依法处置、追责。加大对企业取得资质后的动态核查力度，特别是对不符合资质条件企业承揽项目的重点核查，严格依法查处不合格企业和人员，强化市场清出管理。修订出台建筑工程发包与承包等违法行为认定查处管理办法，加大对建筑施工转包违法分包等违法行为的打击力度。

三、推进行政审批制度改革

（十）简化企业资质标准。修订设计、施工、监理企业资质标准，简化资质考核条件，重点考核企业信誉和业绩等指标。试点开展对信用良好、能够提供全额担保的企业，取消承揽业务范围资质限制。

（十一）完善个人执业资格管理制度。修订出台勘察设计注册工程师、建造师、监理工程师管理规定，明确勘察设计注册工程师、建造师、监理工程师的权利、义务，强化执业监督，落实执业责任。研究调整勘察设计注册工程师制度总体框架及实施计划，推进勘察设计注册工程师执业进程。

（十二）创新行政审批管理。减少资质审批环节，简化施工许可管理，进一步压缩审批时限，提高审批效率。建立和完善电子化审查系统和工作制度，勘察设计注册工程师、建造师、监理工程师执业资格注册基本实现电子化申报和审查。研究推进"互联网＋"审查方式，简化申报材料，推行计算机辅助审查，探索开展建设工程企业资质考核指标计算机自动比对。

四、加强党风廉政建设

（十三）严格落实"两个责任"。认真落实部党组《关于落实党风廉政建设主体责任的实施意见》和驻部纪检组《关于落实党风廉政建设监督责任的实施意见》。重点围绕行政审批、行政执法监督、法规政策制定、纪律作风监督等方面，完善管理制度，加强执纪监督，切实把权力关进制度的笼子。

（十四）深入开展反腐倡廉警示教育。抓好党员领导干部和青年干部的廉洁从政教育，认真学习习近平总书记在中央纪委十八届七次全会上的重要讲话精神。坚持中心组学习制度、廉政提醒制度和月度典型案例警示教育制度，教育引导党员干部筑牢拒腐防变思想道德防线。

（十五）加强干部作风建设。牢固树立"四个意识"，强化党的纪律建设。加强对中央八项规定精神和纪律执行情况的监督检查，防止"四风"问题反弹回潮。深入开展调查研究，强化对履职尽责的督促检查，及时研究解决群众提出的热点、难点问题。

关于印发《住房和城乡建设部工程质量安全监管司2017年工作要点》的通知

建质综函[2017]7号

各省、自治区住房城乡建设厅，直辖市建委（规划国土委），新疆生产建设兵团建设局：

现将《住房和城乡建设部工程质量安全监管司 2017 年工作要点》印发给你们。请结合本地区、本部门的实际情况，安排好今年的工程质量安全监管工作。

附件：住房和城乡建设部工程质量安全监管司 2017 年工作要点

中华人民共和国住房和城乡建设部工程质量安全监管司

2017 年 3 月 7 日

附件

住房和城乡建设部工程质量安全监管司 2017 年工作要点

2017 年，工程质量安全监管工作将认真贯彻落实党的十八大和十八届三中、四中、五中、六中全会精神，贯彻落实中央城市工作会议和全国住房城乡建设工作会议精神，巩固和拓展工程质量治理两年行动成果，围绕"落实主体责任"和"强化政府监管"两个重点，严格监督管理，严格责任落实，严格责任追究，着力构建质量安全管理长效机制，不断提升全国工程质量安全水平。

一、组织开展质量安全提升行动，提高工程质量水平

（一）强化质量责任落实。严格落实参建各方主体和从业人员的质量责任，特别是建设单位的首要责任和勘察、设计、施工单位的主体责任。严格落实质量终身责任制，全面实行五方主体项目负责人质量终身责任承诺、竣工后永久性标牌、质量终身责任信息档案等制度。组织开展全国工程质量监督执法检查，督促质量责任落实。加大质量责任追究力度，对违反有关规定、造成工程质量事故的责任单位和人员，依法给予行政处罚

和信用惩戒。

（二）健全质量监督机制。强化政府监管，加大抽查抽测力度，推行"双随机、一公开"检查方式。强化对涉及公共安全的工程地基基础、主体结构等部位和竣工验收等环节的监督检查。加强监督队伍建设，保障监督工作经费，开展对监督机构人员配置和经费保障情况的督查。鼓励采取政府购买服务的方式，缓解监督力量不足问题。开展监理单位向政府报告质量监理情况的试点，充分发挥监理单位在质量控制中的作用。

（三）推进质量管理标准化。建立质量管理标准化制度和评价体系，推进质量行为管理标准化和工程实体质量控制标准化，督促各方主体健全质量管控机制。开展标准化示范活动，推行样板引路制度。制定并推广应用简洁、适用、易执行的岗位标准化手册，将质量责任落实到人。

（四）夯实质量监管工作基础。加快修订建设工程质量检测管理办法和检测机构资质等级标准，规范质量检测行为。继续开展住宅工程质量常见问题专项治理工作，建立长效机制，提升住宅工程质

量水平。推进工程质量保险工作，充分发挥市场机制对工程质量的激励和约束作用。

二、全面落实安全生产责任，有效遏制生产安全事故发生

（一）完善制度和责任体系。出台部门规章《危险性较大的分部分项工程安全管理规定》，强化安全管理措施，严格落实工程建设各方主体的安全责任。

（二）加大违法违规行为查处力度。以建筑起重机械、深基坑、高支模等为重点，深入开展建筑施工安全专项整治，严厉查处安全违法违规行为，严防事故发生。加强建筑施工安全事故通报和查处督办，强化约谈制度，严格事故责任追究。

（三）加强监管能力建设。建立建筑施工安全监督层级考核制度，进一步加强和规范监管工作。研究创新建筑施工安全监管模式，提升监管效能。开展部分地区建筑施工安全监管人员培训，提高监管人员素质和能力。

（四）提高监管信息化水平。继续推进覆盖建筑施工企业、施工人员、起重机械、施工项目、施工安全事故、施工安全监管机构及人员等信息"六位一体"的建筑施工安全监管信息系统建设，实现监管信息互联互通。

（五）加强诚信体系建设。出台建筑施工安全生产诚信体系建设指导意见，建立完善建筑安全生产"黑名单"等制度，强化安全信用惩戒，提高安全诚信水平。

（六）促进全行业安全意识提升。深入开展"安全生产月"等活动，充分利用新闻媒体，加大安全宣传教育力度，广泛普及建筑施工安全生产知识，全面提升建筑从业人员安全生产意识。

三、提升勘察设计水平，推动建筑业技术进步

（一）提高建筑设计水平。组织宣贯新时期建筑方针，在相关媒体开设建筑设计专栏，引导建筑设计理念与方向。

（二）加强勘察设计质量监管。开展部分地区勘察设计质量监督执法检查，研究修订工程勘察质量管理办法，研究推进施工图审查制度和标准设计改革工作。

（三）加大推动技术进步力度。出台建筑业 10 项新技术（2017 版），加快推动先进、适用新技术推广。继续推动 BIM 等信息技术应用，引导推进建筑业信息化。编制城市轨道交通工程等国家建筑标准设计，制定绿色建筑国家建筑标准设计体系，支持重点工程建设。

四、完善风险防控机制，保障城市轨道交通工程质量安全

（一）构建风险分级管控和隐患排查治理双重预防机制。落实建设单位和勘察、设计、施工单位等参建各方风险自辨自控、隐患自查自治主体责任，落实主管部门监管责任，严防风险演变、隐患升级导致事故发生。

（二）推进质量安全标准化管理工作。制定城市轨道交通工程质量安全标准化管理指导意见，制定质量安全现场施工标准化手册。组织标准化现场观摩，推动样板示范活动。

（三）建立施工关键节点风险控制制度。加强对轨道交通工程施工过程中的重要部位和关键环节施工安全条件审查工作，强化风险控制。

（四）开展部分城市轨道交通工程质量安全监督检查。针对新开工和事故多发城市开展监督检查，开展城市轨道交通工程质量安全监管人员培训，提高监督管理水平。

五、加强工程抗震设防，提高地震应急处置能力

（一）加强抗震设防制度建设。组织《建设工程抗震管理条例》立法调研，深入开展新建工程抗

震设防、既有建筑抗震加固和抗震设施建设管理研究，做好相关制度研究和协调工作。

（二）加强抗震设防管理。建立减隔震装置质量检测制度，强化减隔震工程质量管理。完善超限高层抗震设防专项审查机制，研究公共建筑防灾避难功能建设对策措施。开展减隔震工程和超限高层抗震设防专项检查。

（三）完善住房城乡建设系统地震应急工作机

制。规范各地应急响应报告流程和内容，完善震后房屋建筑安全应急评估管理制度，开展有关技术培训，提高应急响应效率。

（四）加强专家队伍建设。进一步完善国家震后房屋建筑安全应急评估专家队、全国市政公用设施抗震专项论证专家库，完善全国城市抗震防灾规划审查委员会工作机制，提升抗震防灾专业咨询能力。

住房城乡建设部关于印发工程质量安全提升行动方案的通知

建质[2017]57号

各省、自治区住房城乡建设厅，直辖市建委（规划国土委），新疆生产建设兵团建设局：

为贯彻落实《中共中央国务院关于进一步加强城市规划建设管理工作的若干意见》和《国务院办公厅关于促进建筑业持续健康发展的意见》（国办发[2017]19号）精神，进一步提升工程质量安全水平，确保人民群众生命财产安全，促进建筑业持续健康发展，我部决定开展工程质量安全提升行动。现将《工程质量安全提升行动方案》印发给你们，请遵照执行。

中华人民共和国住房和城乡建设部

2017年3月3日

工程质量安全提升行动方案

百年大计，质量第一；安全生产，人命关天。为进一步提升工程质量安全水平，确保人民群众生命财产安全，促进建筑业持续健康发展，特制定本行动方案。

一、指导思想

贯彻落实《中共中央国务院关于进一步加强

城市规划建设管理工作的若干意见》和《国务院办公厅关于促进建筑业持续健康发展的意见》（国办发[2017]19号）精神，巩固工程质量治理两年行动成果，围绕"落实主体责任"和"强化政府监管"两个重点，坚持企业管理与项目管理并重、企业责任与个人责任并重、质量安全行为与工程实体质量安全并重、深化建筑业改革与完善质量安全管理制度并重，严格监督管理，严格责任落实，严格责任追究，着力构建质量安全提升长效机制，全面提升工程质量安全水平。

二、总体目标

通过开展工程质量安全提升行动（以下简称提升行动），用 3 年左右时间，进一步完善工程质量安全管理制度，落实工程质量安全主体责任，强化工程质量安全监管，提高工程项目质量安全管理水平，提高工程技术创新能力，使全国工程质量安全总体水平得到明显提升。

三、重点任务

（一）落实主体责任。

1. 严格落实工程建设参建各方主体责任。进一步完善工程质量安全管理制度和责任体系，全面落实各方主体的质量安全责任，特别是要强化建设单位的首要责任和勘察、设计、施工单位的主体责任。

2. 严格落实项目负责人责任。严格执行建设、勘察、设计、施工、监理等五方主体项目负责人质量安全责任规定，强化项目负责人的质量安全责任。

3. 严格落实从业人员责任。强化个人执业管理，落实注册执业人员的质量安全责任，规范从业行为，推动建立个人执业保险制度，加大执业责任追究力度。

4. 严格落实工程质量终身责任。进一步完善工程质量终身责任制，严格执行工程质量终身责任书面承诺、永久性标牌、质量信息档案等制度，加大质量责任追究力度。

（二）提升项目管理水平。

1. 提升建筑设计水平。贯彻落实"适用、经济、绿色、美观"的新时期建筑方针，倡导开展建筑评论，促进建筑设计理念的融合和升华。探索建立大型公共建筑工程后评估制度。完善激励机制，引导激发优秀设计创作和建筑设计人才队伍建设。

2. 推进工程质量管理标准化。完善工程质量管控体系，建立质量管理标准化制度和评价体系，推进质量行为管理标准化和工程实体质量控制标准化。开展工程质量管理标准化示范活动，实施样板引路制度。制定并推广应用简洁、适用、易执行的岗位标准化手册，将质量责任落实到人。

3. 提升建筑施工本质安全水平。深入开展建筑施工企业和项目安全生产标准化考评，推动建筑施工企业实现安全行为规范化和安全管理标准化，提升施工人员的安全生产意识和安全技能。

4. 提升城市轨道交通工程风险管控水平。建立施工关键节点风险控制制度，强化工程重要部位和关键环节施工安全条件审查。构建风险分级管控和隐患排查治理双重预防工作机制，落实企业质量安全风险自辨自控、隐患自查自治责任。

（三）提升技术创新能力。

1. 推进信息化技术应用。加快推进建筑信息模型（BIM）技术在规划、勘察、设计、施工和运营维护全过程的集成应用。推进勘察设计文件数字化交付、审查和存档工作。加强工程质量安全监管信息化建设，推行工程质量安全数字化监管。

2. 推广工程建设新技术。加快先进建造设备、智能设备的推广应用，大力推广建筑业 10 项新技术和城市轨道交通工程关键技术等先进适用技术，推广应用工程建设专有技术和工法，以技术进步支撑装配式建筑、绿色建造等新型建造方式发展。

3. 提升减隔震技术水平。推进减隔震技术应用，加强工程建设和使用维护管理，建立减隔震装置质量检测制度，提高减隔震工程质量。

（四）健全监督管理机制。

1. 加强政府监管。强化对工程建设全过程的质量安全监管，重点加强对涉及公共安全的工程地基基础、主体结构等部位和竣工验收等环节的监督检查。完善施工图设计文件审查制度，规范设计变更行为。开展监理单位向政府主管部门报告质量监理情况的试点，充分发挥监理单位在质量控制中的作用。加强工程质量检测管理，严厉打击出具虚假报告等行为。推进质量安全诚信体系建设，建立健全信用评价和惩戒机制，强化信用约束。推动发展工程质量保险。

2. 加强监督检查。推行"双随机、一公开"

检查方式，加大抽查抽测力度，加强工程质量安全监督执法检查。深入开展以深基坑、高支模、起重机械等危险性较大的分部分项工程为重点的建筑施工安全专项整治。加大对轨道交通工程新开工、风险事故频发以及发生较大事故城市的监督检查力度。组织开展新建工程抗震设防专项检查，重点检查超限高层建筑工程和减隔震工程。

3. 加强队伍建设。加强监督队伍建设，保障监督机构人员和经费。开展对监督机构人员配置和经费保障情况的督查。推进监管体制机制创新，不断提高监管执法的标准化、规范化、信息化水平。鼓励采取政府购买服务的方式，委托具备条件的社会力量进行监督检查。完善监督层级考核机制，落实监管责任。

四、实施步骤

（一）动员部署（2017 年 3 月）。

各地住房城乡建设主管部门要按照本方案，因地制宜制定具体实施方案，全面动员部署提升行动。各省、自治区、直辖市住房城乡建设主管部门要在 2017 年 3 月 31 日前将实施方案报住房城乡建设部工程质量安全监管司。

（二）组织实施（2017 年 3 月~2019 年 12 月）。

各地住房城乡建设主管部门要加强监督检查，强化责任落实。各市、县住房城乡建设主管部门要在加强日常监督检查、抽查抽测的基础上，每半年对本地区在建工程项目全面排查一次；各省、自治区、直辖市住房城乡建设主管部门每半年对本行政区域工程项目进行一次重点抽查和提升行动督导检查。住房城乡建设部每年组织一次全国督查，并定期通报各地开展提升行动的进展情况。

（三）总结推广（2020 年 1 月）。

各地住房城乡建设主管部门要认真总结经验，深入分析问题及原因，研究提出改进工作措施和建议。对提升行动中工作突出、成效显著的单位和个人，予以通报表扬。

2017年1~3月开始实施的工程建设标准

序号	标准编号	标准名称	发布日期	实施日期
		国家标准		
1	GB 51192–2016	公园设计规范	2016-8-26	2017-1-1
2	GB/T 51025–2016	超大面积混凝土地面无缝施工技术规范	2016-6-20	2017-2-1
3	GB 51079–2016	城市防洪规划规范	2016-6-20	2017-2-1
4	GB/T 51149–2016	城市停车规划规范	2016-6-20	2017-2-1
5	GB/T 51148–2016	绿色博览建筑评价标准	2016-6-20	2017-2-1
		行业标准		
1	CJJ/T 238–2016	抗车辙沥青混合料应用技术规程	2016-8-8	2017-2-1
2	CJJ/T 247–2016	供热站房噪声与振动控制技术规程	2016-8-8	2017-2-1
3	CJJ 242–2016	城市道路与轨道交通合建桥梁设计规范	2016-8-8	2017-2-1
4	JGJ/T 378–2016	拉脱法检测混凝土抗压强度技术规程	2016-8-8	2017-2-1
5	CJJ/T 254–2016	城镇供热直埋热水管道泄漏监测系统技术规程	2016-8-8	2017-2-1
6	JGJ 57–2016	剧场建筑设计规范	2016-9-5	2017-3-1
7	CJJ 92–2016	城镇供水管网漏损控制及评定标准	2016-9-5	2017-3-1
8	JGJ 160–2016	施工现场机械设备检查技术规范	2016-9-5	2017-3-1
9	JGJ 111–2016	建筑与市政工程地下水控制技术规范	2016-9-5	2017-3-1
10	CJJ 68–2016	城镇排水管渠与泵站运行、维护及安全技术规程	2016-9-5	2017-3-1
11	JGJ 392–2016	商店建筑电气设计规范	2016-9-5	2017-3-1

本期焦点

聚焦全国建设监理协会秘书长工作会议

2017 年 3 月 21 日，全国建设监理协会秘书长工作会议在北京召开，来自全国各省、自治区及有关城市建设监理协会，有关行业建设监理协会（分会、专业委员会）的秘书长共计 60 余人参加会议。副秘书长温健同志主持会议。

会上温健同志报告了中国建设监理协会 2017 年要做的工作，通报了协会宣传工作情况、会员服务工作情况和培训工作情况。同时邀请北京市建设监理协会和广东省建设监理协会介绍了他们的工作经验。

2017 年协会将按照全国住房城乡建设工作会议部署，坚持以推进供给侧结构改革为主线，以推动监理服务升级为目标，以加强监理诚信建设为手段，围绕九方面开展工作：一要落实监理责任，保障工程质量；二要加强诚信建设，规范行业秩序；三要搭建交流平台，推进企业创新发展；四要规范服务行为，做好监理工程师考试相关工作；五要提高队伍素质，加强教育培训；六要开展表扬活动，鼓舞行业士气；七要加强行业宣传，树立良好形象；八要拓展服务模式，开展全过程一体化项目管理服务；九要加强自身建设，推进协会自律发展。

王学军副会长作会议总结时提出五点要求，一是共同努力完成 2017 年工作计划；二是积极促进行业健康发展；三是加强对个人执业管理；四是加强行业宣传工作；五是支持监理企业创新发展。希望大家共同努力，为监理事业健康发展作出贡献。

会议还组织参观了在建的"中国尊"工程项目，建筑高度 528 米，地下 7 层，地上 108 层，是目前唯一的位于 8 度地震烈度区的高度最高、体量最大、工期最紧的超高层建筑，建成后将是北京最高的建筑。

在全国监理协会秘书长工作会议上的总结发言

中国建设监理协会　王学军

各位协会领导、同志们：

大家上午好！今天我们召开全国监理协会秘书长工作会议，会长郭允冲同志非常重视，要求开好这个会议。刚才温健同志报告了协会 2017 年工作计划，北京市建设监理协会和广东省建设监理协会介绍了他们协会的工作和经验，协会联络部、培训部、信息部部门领导分别报告了有关工作情况。下面我讲两个方面内容：一是过去一年工作的简要回顾；二是对今年工作提几点希望。

一、2016 年协会工作回顾

2016 年，在大家的共同努力下，尤其是在地方和行业监理协会、分会的支持下，在行业发展、落实继续教育政策、开展课题研究、进行行业宣传、会员发展和服务等方面做了大量工作，促进了行业健康发展。

（一）在促进行业发展方面

一是认真征求行业意见，助推行业发展。根据建设行政主管部门要求，先后多次征求有关协会、专业委员会、分会等单位对《进一步推进工程监理行业改革发展的指导意见》和《监理企业资质标准意见》的意见，并将大家的意见以书面形式向建设行政主管部门作了反馈。提出了《关于工程监理企业资质等级标准套用施工总承包序列资质标准的建议》，为建设行政主管部门决策提供了依据。二是推进行业标准化建设。根据行业发展需要，召开了"建设工程监理工作标准体系研究会"和"监理现场履职工作标准座谈会"，起草了《工程监理现场履职服务标准》已报建设行政主管部门；召开了"监理社团标准专家座谈会"，讨论了监理行业发展社团标准顶层设计，助推行业标准化建设。三是协助人社部人考中心组织完成了 2016 年监理工程师考试相关工作。

（二）落实继续教育相关政策方面

2016 年，各地和行业开展注册监理工程师面授、网络继续教育累计培训 84617 人。为落实《国务院关于第一批清理规范 89 项国务院部门行政审批中介服务事项的决定》和部市场司《关于勘察设计工程师、注册监理工程师继续教育有关问题的通知》精神，稳步推进此项工作落实，协会先后下发了《关于注册监理工程师继续教育的补充通知》等四个文件。取消了原指定的 85 家继续教育培训机构，允许有条件的监理企业、高等院校和社会培训机构开展继续教育工作，保障监理工程师继续教育在改革时期有序开展。

（三）服务行业发展、开展课题研究方面

2016 年协会开展了"监理人员职业培训管理办法""项目综合咨询管理及监理行业发展方向研究""监理企业诚信建设研究""房屋建筑工程项目监理机构及工作标准"等课题研究。其中，郭允冲会长高度重视"项目综合咨询管理及监理行业发展方向研究"，亲自起草了《关于进一步推进建设工程全过程一体化项目管理的建议》，住建部领导高度重视，并作出了相关批示。建筑市场监管司根据部长批示，正在征求《关于工程监理企业开展全过程一体化项目管理服务试点的通知》的意见。此项工作协会秘书处正在配合落实；"监理企业诚信建设研究"课题，形成了《建设监理企业诚信守则（试行）》，已经协会五届四次理事会审议通过。

（四）做好交流宣传、引导行业健康发展方面

一是加强协会工作交流。在 2016 年全国监理协会秘书长会议上，请北京市、湖南省、江苏省、山西省监理协会，在协会五届四次理事会上，请安徽省、重庆市、北京市、武汉市建设监理协会，在"应对工程监理服务价格市场化交流会"上，请北京市、上海市、深圳市、武汉市等协会介绍了他们的经验和做法。对于拓展协会工作视野、提高为会员服务的能力和水平、指导监理行业健康发展，应当说起到了引导作用。另外，协会派人参加了直辖市、西部、中南、华东地区召开的片区协会负责人工作交流会。二是发挥《中国建设监理与咨询》刊物宣传作用。坚持在政策引导，技术交流，理论研讨、行业发展等方面力争发挥更好的作用。全年刊物发行六期，共刊登地方及行业动态 50 余篇，政策法规等 20 余篇，技术交流 120 余篇，宣传协办单位 72 家（次）。

（五）做好会员发展与服务工作

一是个人会员发展工作。在地方和行业协会的共同努力下，去年协会发展单位会员 87 家、个人会员 6 万余人。二是为会员服务工作。免费为个人会员提供网络业务学习 4 万余人（次），印制发放了建设监理协会《个人会员证书》；通报表扬了 2014~2015 年度鲁班奖工程项目参建监理企业和总监理工程师；召开了"工程监理企业信息化管理与 BIM 应用经验交流会"和"应对工程监理服务价格市场化交流会"。三是安徽、广东、海南、陕西、深圳等省、市建设监理协会建立了个人会员制度，中监协会在业务学习方面给予大力支持。

2016 年，在大家的共同努力下，协会做了大量工作，但距行业发展的需要还有一定差距。比如，在专业监理标准、诚信建设、开拓业务范围、行业宣传等方面还有许多工作要做。

二、几点希望

2017 年，国家基础设施建设任务很重。李克强总理在政府工作报告中提出：今年要完成铁路建设投资 8000 亿元，公路水运投资 1.8 万亿元，再开工 15 项水利工程。完成棚户区住房改造 600 万套。再开工地下综合管廊 2000 公里，新建农村公路 20 万公里。继续加强轨道交通、民用航空、电信基础设施等重大项目建设。中央预算内投资安排 5076 亿元。住房城乡建设部根据国务院工作部署，提出了今年九项工作任务，其中与监理行业有关的棚户区改造、城市基础设施建设、农村人居环境改善、装配式建筑、工程建设标准等。据财政部 PPP（政府和社会资本合作）中心统计，2016 年 12 月末，全国 PPP 投资已签约落地项目 1351 个涉及金额 2.2 万亿。湖南提出"力争在中部崛起中走在前列"；武汉提出建设"长江新城"；贵州提出"加快山地新型城镇化建设"；云南提出"抓好四个一百项目建设"；甘肃提出"深入实施 3341 项目建设工程"；青海提出"加快推进十三五重大项目落地"；广西提出"深入实施基础设施建设攻坚战"；海南进入基础设施建设高峰期。总之，2017 年国家和地方建设任务很重，监理队伍保障工程质

量安全的担子也不轻。下边我提几点希望：

（一）共同努力完成协会 2017 年工作计划

今年协会要做的主要工作有九个方面二十项工作。这些工作有的需要行业专家的支持，大部分工作需要我们共同努力来完成。尤其是在个人会员的管理和服务上，按照《个人会员管理服务合作协议书》，共同做好为会员服务工作，保障会员的权益得到落实。今年计划在会员单位内表扬一批先进单位和个人，希望地方和行业协会认真组织好推荐工作。在诚信建设方面，希望地方和行业协会构建诚信和价格信息采集机制，重要诚信、价格信息要及时报中国建设监理协会。

（二）积极促进行业健康发展

一是正确认识监理管理制度改革。现阶段建筑业处在改革和发展时期。近期，国务院下发了《国务院办公厅关于促进建筑业持续健康发展的意见》（国办发 [2017]19 号），在深化建筑业简政放权、完善工程建设组织模式、加强工程质量安全管理、优化建筑市场环境、提高从业人员素质、推进建筑产业现代化、加快建筑业企业"走出去"七个方面提出了改革举措。总的方向是，简化工程建设企业资质类别和等级设置，强化个人执业资格。推行工程总承包和建筑师主导。鼓励投资咨询、勘察、设计、监理、招标代理、造价等企业采取联合经营、并购重组等方式发展全过程工程咨询。全面落实各方主体的工程质量责任，特别要强化建设单位的首要责任和勘察、设计、施工单位的主体责任。强化对工程监理的监管，开展监理单位向政府报告质量监理情况试点。加强工程现场管理人员和建筑工人的教育培训，健全建筑业职业技能标准体系。鼓励具备相应能力的行业协会制定满足市场和创新需要的标准。鼓励大企业带动中小企业积极有序开拓国际市场等。总体要求是深化建筑业"放管服"改革，完善监管体制机制，优化市场环境，提升工程质量安全水平，强化队伍建设，增强企业核心竞争力，促进建筑业持续健康发展。

根据国办促进建筑业改革发展意见精神，建

设行政主管部门还会陆续出台改革举措。监理管理制度随着建筑业管理制度改革势必进行调整，以适应建筑业改革发展的需要。在改革发展的过程中，必然会遇到一些困难和问题。如监理和项目管理服务取费。监理服务价格 2015 年初放开后，经过引导和实践，行业基本形成了共识，也采取了一些自律措施。如对低价中标企业有的地方不给备案，有的地方对履职情况加大检查力度。深圳等五市联合约定，促进工程监理价格与监理价值全面匹配等，监理服务价格趋向稳定方向发展，但也出现一些反复。如深圳市监理协会党委，经过强化自律管理，监理服务价格基本稳定。但由于深圳市建设项目面向全国招标，其他地区有的监理企业低价投标，严重冲击深圳监理服务价格市场秩序。希望各地方协会要对本地区参与低于成本价投标的企业加强自律管理和约束，借助建设行政主管部门强化对监理监管这一契机，委托协会或协会参与对监理履职情况进行检查，加大对低于成本价中标企业人员配备和履职情况检查力度。同时对于本地区监理企业在外埠承揽业务情况要进行了解，发现低于成本价恶性竞争行为要加大曝光力度，共同促进监理服务价格处在一个合理水平。还有监理服务业务范围、监理资质设置和标准、监理人员业务学习和资格管理、监理和项目管理服务标准、驻厂监理和政府购买服务等。改革调整监理管理制度，目的是使监理行业适应建筑业改革发展，适应市场经济发展。我们要积极配合政府部门推进监理制度改革，落实有关改革政策和举措。对改革过程中遇到的困难，我们要坚持市场为导向，及时了解企业的诉求，主动与政府主管部门沟通，提出解决问题的建议或办法，促进行业健康发展。二是指导企业走诚信发展道路。党和国家高度重视社会诚信建设，提出的社会主义核心价值观，其中对公民的要求之一就是诚信。2014 年，李克强总理就提出让守信者一路畅通，让失信者寸步难行的要求。2016 年 6 月，国务院发布《关于建立完善守信联合激励失信联合惩戒制度加快推进社会诚信建设的指导意见》(国发 [2016]33 号),大力推进社会诚信建设。中监协会先后印发了《建设监理行业自律公约(试行)》《监理人员职业道德行为准则(试行)》《监理企业诚信守则(试行)》,对监理企业和监理人员诚信经营和廉洁执业提出了要求,各地方和行业协会结合本地区情况,也开展了此项工作,如有的签订了行业公约,有的开展了诚信评价工作。希望地方和行业协会积极与政府主管部门沟通,积极推进企业和人员诚信建设,促进行业诚信发展。

（三）加强对个人执业管理

为加强行业自律管理和诚信建设,规范服务和职业行为,提高个人履职能力,维护个人合法权益,中监协会建立了个人会员制度,在大家的支持下,个人会员发展工作进展较为顺利,服务会员工作在地方和行业协会支持下稳步开展。希望地方和行业协会,将企业负责人或主持过大型工程监理项目的注册监理工程师推荐成为中国建设监理协会会员,同时按照中监协《关于加强个人会员会费使用管理的通知》要求,使用好个人会员服务费。鼓励地方和行业协会建立个人会员管理制度,加强对监理执业人员的管理和服务,为会员单位创建行业发展交流平台,为个人会员提供业务学习平台。建立个人会员制度的地方和行业协会,可使用中监协会网教资源为会员提供网络业务学习。

（四）加强行业宣传工作

监理行业在社会上影响力小,业外人士甚至不知道监理干什么,业内人士反映监理负面东西多,原因之一是我们向社会宣传行业作为不多。在这方面我们要加大投入,加强行业宣传报道。今年中监协会除继续做好《中国建设监理与咨询》刊物发行外,拟建立中国建设监理微信公众号,使广大会员更多了解行业发展有关信息。同时,与中国建设报社协商建立建设监理栏目,加强行业重大活动、优质监理成果宣传报道,提高监理社会形象,引导监理企业和人员认真履行监理职责,确保工程质量安全。

（五）支持监理企业创新发展

引导监理企业适应建设工程总承包、建筑师主导、代建制等建设组织模式,跟上装配式建筑发展步伐,提高企业管理信息化水平和 BIM 应用能力,加快企业服务标准化建设,创建核心竞争力。为会员单位提供培训和交流平台,支持有能力的监理企业开展全过程项目管理服务,以适应时代发展对监理服务能力的要求。支持有能力的大型监理企业,在"一带一路"建设中走出国门,拓展海外业务。

让我们共同努力,为监理事业健康发展作出应有贡献!

中国建设监理协会2017年工作要点

2017 年，中国建设监理协会工作的总体思路是：全面贯彻党的十八大和十八届二中、三中、四中、五中、六中全会以及中央经济工作会议、中央城镇化工作会议、中央城市工作会议精神，深入贯彻习近平总书记系列重要讲话精神和治国理政新理念新思想新战略，认真落实党中央、国务院决策部署，统筹推进"五位一体"总体布局和协调推进"四个全面"战略布局，牢固树立和贯彻落实创新、协调、绿色、开放、共享的发展理念，按照全国住房城乡建设工作会议部署，坚持以推进供给侧结构性改革为主线，以推动监理服务升级为目标，以加强监理诚信建设为手段，加快监理行业的改革步伐，促进监理事业健康发展。

一、落实监理责任，保障工程质量

（一）贯彻中共中央国务院关于进一步加强城市规划建设管理工作的若干意见和国务院办公厅关于促进建筑业持续健康发展的意见（国办发 [2017]19 号），落实住房城乡建设部工程质量安全提升行动方案，增强工程监理单位质量安全主体责任意识，履行总监六项规定，执行"两书一牌"要求，配合政府部门制定监理履职工作标准，夯实监理基础工作，确保工程建设质量。

（二）协助政府强化对工程监理的监管，选择部分地区开展监理单位向政府主管部门报告质量监理情况的试点，充分发挥监理在质量控制中的作用。

二、加强诚信建设，规范行业秩序

（三）发布《建设工程监理企业诚信守则（试行）》，引导监理企业诚信经营，推动监理企业、监理人员诚信信息采集工作。

（四）规范企业竞争行为，杜绝恶意压价现象，稳定监理市场价格，加大对不诚信和恶意压价行为曝光力度，建立健全有效约束机制，营造公平有序的市场竞争环境。

三、搭建交流平台，推进企业创新发展

（五）召开信息化经验交流会，促进工程监理科技进步，提升监理服务水平。

（六）召开工程监理企业全过程项目管理经验交流会，引导企业更新观念，提升服务能力与服务价值，促进监理行业改革创新。

四、规范服务行为，做好监理工程师考试相关工作

（七）继续做好2017年全国监理工程师资格考试相关工作，坚持选拔优秀监理人才的原则，广泛听取专家和社会各方面对考试命题的意见，不断改进和提高试题质量，使试题内容与监理实际工作结合得更加紧密，实用性更强。完成监理工程师资格考试《建设工程案例分析》科目阅卷工作。

（八）做好全国监理工程师注册相关工作。

五、提高队伍素质，加强教育培训

（九）规范监理人员业务培训，制定监理人员培训大纲及管理办法。

（十）引导用人企业、高等院校和有关社会培训机构，依法依规开展监理工程师继续教育。不断提高监理工程师继续教育水平，及时补充学习内容，更新知识层面、扩大监理视野，提升监理工程师素质能力。

六、开展表扬活动，鼓舞行业士气

（十一）在会员内部开展表扬工程监理企业、总监理工程师、专业监理工程师和协会工作者活动，鼓舞行业士气，振奋监理精神，促进会员争先创优，塑造监理良好形象。

七、加强行业宣传，树立良好形象

（十二）办好《中国建设监理与咨询》刊物，提高行业宣传效果。开辟监理服务价格专栏，为市场提供取费信息服务，追踪行业热点问题，重点报道企业创新、装配式建筑、综合管廊、PPP 模式监理经验。扩大刊物发行规模，鼓励会员积极订阅。

（十三）创建中国建设监理协会微信公众平台，为广大会员提供及时便捷的信息服务。

（十四）与《中国建设报》合作开辟监理专栏，扩大监理在建筑业的影响力。

八、拓展服务模式，开展全过程一体化项目管理服务

（十五）引导企业提升监理服务能力，鼓励和支持有能力的监理企业开展全过程项目管理服务，配合住房城乡建设部开展全过程项目管理服务试点工作，及时跟踪试点情况，总结交流试点经验。

（十六）研究起草全过程项目管理服务技术标准和合同范本。

九、加强自身建设，推进协会自律发展

（十七）适应行业协会改革发展要求，不断完善协会内部机制建设，强化自我约束、自我管理、自我发展能力。加强个人会员管理工作，鼓励地方协会建立个人会员制度，推进个人会员管理服务信息平台建设。提升协会服务能力，倾听会员呼声、反映会员诉求、维护会员权益，为会员办实事、办好事。中国建设监理协会将免费为个人会员提供网络学习服务。

（十八）发挥协会专家委员会作用，按照深化标准化工作改革的要求，推进行业标准化建设，研究制定满足市场和创新需要的团体标准。

（十九）加强协会分支机构管理，更好发挥协会分支机构的作用。加强协会党的建设，深入开展"两学一做"学习教育，坚持每周学习制度。

（二十）做好协会换届准备工作。

稳中求进　努力提升监理人员履职能力

北京市建设监理协会　李伟

各位领导，各位秘书长：

非常荣幸有机会在本次大会上向各位秘书长、各位领导就北京市建设监理协会过去一年的工作和新一年的打算进行汇报交流，请多多批评指教。

一、2016 年的主要工作成绩

2016 年是北京市监理协会第五届理事会任期最后一年，按照协会工作安排，我们依靠和带领 223 家会员单位，继续努力工作，在服务会员、协助政府管理部门工作、创新研究等方面取得了一些成绩。

一是做好协会例行工作，增强行业凝聚力。2016 年，北京市建设监理协会共召开会员大会两次，理事会两次，常务理事会一次。召开有关行业发展的专题会议九次。组织资深监理人、专业监理工程师、驻厂监理工程师、监理员、安全管理、见证取样、分户验收等各类培训共计 33 班次，共计培训 7300 人次。另外，组织大型公益讲座两次，为山区贫困小学捐资助学一次。

二是发挥桥梁纽带作用，当好政府管理部门的助手。协会与北京市住建委等政府相关管理部门一直处于良性互动关系之中，对于行业迫切需要解决的问题，监理行业的研究力量与政府管理部门的行政力量形成合力，共同研究对策解决。2016 年，协会协助市住建委召开全市监理工作会一次、驻厂监理工作会一次、其他涉及全市监理单位的会议（包括电视电话会）五次。全年中关于监理政策研究的会议或住建委相关课题研究的会议，基本上每周至少召开一次。

三是注重创新发展，研究工作取得丰硕成果。2016 年，北京市建设监理协会作为主编单位，完成《北京市建筑工程施工组织设计管理规程》《北京市建筑工程资料管理规程》和《北京市建设工程监理规程》等三项地方标准的修订工作；完成的课题成果包括：《监理资料管理标准化》（房屋建筑工程）、《监理资料管理标准化》（市政公用工程）、《北京市预拌混凝土质量评估指标体系设计》《北京市保障性安居工程结构分户验收第三方抽检工作指南》《BIM 技术在工程管理中的应用》等五项。

四是加强正面宣传，树立监理行业形象。北京市监理协会继续办好"一网一刊"，继续评选行业先进单位和优秀监理工程师，组织形式多样的交流学习活动；建立企业负责人微信群，及时发布和沟通行业动态信息；去年我们还成功举办了协会成立二十周年纪念活动，公开表彰了监理行业杰出贡献人物、中国工程监理大师、北京监理行业创新发展领军人物、北京资深监理人等。

经过 2016 年的进一步努力，北京市监理协会被授予"5A级社会组织"荣誉称号，协会培训学校被授予"5星级学校"荣誉称号。这些成绩的取得离不开全市8万监理人的共同努力，更离不开各级政府管理部门以及中国建设监理协会的大力支持和指导。我代表北京市建设监理协会对于中国建设监理协会的支持表示衷心的感谢！

二、2017年工作设想

北京市监理协会年初制定了2017年协会工作计划纲要，要"以标准化为抓手，以提高监理履职能力为目标，加强行业自律管理，充分发挥监理作用。"主要包括以下几方面工作：

1.开展"监理行业自律示范工程"检查评选活动

北京市监理协会常务理事会通过了关于"北京市监理行业自律示范项目"申报的决议，征求住建委意见，计划近期正式开始该项工作。申报条件有四条，分别是：按规定取费；总监理工程师及主要监理人员到位，并胜任相应岗位工作；监理履职情况良好，能够充分发挥监理作用；监理工作有创新。

"北京市监理行业自律示范项目"采取每季度申报，专家评审的方式，2016年底第一批申报截止，2017年将产生第一批"北京市监理行业自律示范项目入围名录"，入围"北京市监理行业自律示范项目入围名录"的监理单位可以申报"北京市监理行业自律示范项目"，并应提前制定报审计划

申请中间评审，中间评审每年不少于一次，每项目不少于两次。

通过评选"北京市监理行业自律示范项目"的办法，树立样板，鼓励相互学习交流，好的做法和创新会很快得到学习借鉴，促进监理人员素质提高和履职水平的提高。

2.研究材料设备构配件进场验收工作制度，分类制定标准化工作程序。已向北京市住建委申请明年课题立项。材料设备构配件质量是施工质量控制的第一关，随着建筑行业结构调整的加快，产能过剩的矛盾造成材料、设备、半成品、构配件等生产领域恶性竞争严重。为避免假冒伪劣产品进入施工阶段，必须从报验收环节严格把关，分类制定标准化工作程序并在全市监理企业推广，使材料进场验收更科学严谨。

3.研究监理安全责任边界，分类制定标准化工作方法

监理承担法律法规规定的安全管理职责已经不存在争议，问题在于监理应如何切实履行职责，并如何做到履职免责。安全管理工作易于实现标准化，在现有的安全管理标准化工作方法的基础上，从监理的角度出发，分类制定监理的履职标准，例如，对于深基坑施工，应该做到1~6条，这6条做到了，监理人员职责就履行完成了，就能够避免安全事故的发生，监理的作用就能够得以发挥。以此类推，可以分别制定高支模和其他危险性较大工程的标准化工作方法以及监理安全管理的标准化工作程序，进而真正发挥监理作用。

北京市监理协会争取尽快拿出初稿，届时希望兄弟省市协会给予支持和协助，当近百万监理人在安全履职免责的理解上都是一个标准的时候，我们自己制定的标准就足以作为衡量监理安全责任的标准。

4. 推行落实监理资料管理标准化工作

宣贯和落实已完成的协会团体标准《监理资料管理标准化工作指南》（房建工程）《监理资料管理标准化工作指南》（市政公用工程）。监理工作标准化从监理资料抓起，具有针对性和可操作性，能够较快起到规范监理工作的作用。

5. 开展第三方分户验收抽查

分户验收是提高住宅工程客户满意度的有效手段，由建设单位、施工单位和监理单位一起，在交房之前从业主使用的角度检查每一处细节的质量，做到心中有数，这是可以做到和应该做到的。但是，目前分户验收由于各种原因导致基本流于形式，没有起到应有的作用。在 2014 年住建委京建发 20 号文中，实行驻厂监理的合同中，已经明确规定了驻厂监理费用包括了对于保障房项目结构阶段分户验收抽查的费用，目的是督促项目三方把分户验收做实，保证保障性安居工程结构工程质量不出问题。市监理协会已组织十家驻厂监理单位编制完成培训教材，并已开展了结构工程分户验收的专项培训，培训内容包括：结构工程质量与分户验收概论、回弹法检测混凝土工程质量、现场实测实量方法、结构观感质量验收等内容。计划在 2017 年第二季度开始，抽调得力人员对已实行驻厂监理并完成结构施工的保障性住房项目进行分户验收抽查，并在此基础上，总结经验，以利于更大范围推广。

6. 装配式建筑监理标准化工作方法研究

装配式建筑和住宅产业化已经纳入国家战略，提到了前所未有的高度。由于装配式结构具有不同于现浇混凝土结构的诸多特点，需要制定专门的监理工作标准化工作方法。借鉴混凝土驻厂监理工作的经验，通过研究，制定有效合理的预制构件监理工作程序和工作方法，并及时做好课题成果转化和应用。

7. 监理工作履职情况抽查

近年来，由北京市住建委主持，工程质量监督站执法人员与监理行业专家组成若干检查组，每年至少两次对全市的项目监理工作进行抽查。检查组的检查包括监理市场行为、监理资料、监理履职等方面，发现问题的，依据法律法规和《北京市监理履职行为管理办法》的规定，对于监理单位、总监理工程师或其他责任人给予相应的记分等处罚，并将扣分和奖励记分记入《监理单位诚信管理平台》。

北京市监理协会认为，在目前建筑市场调整的背景下，过去那种粗放的监理工作模式需要调整，必须把工作做细，在充分发挥监理作用上下工夫。调整必然带来冲击，加强管理可能带来不适应，但大企业应主动适应变化，不能惧怕监管，抵触监管。加强管理有利于优胜劣汰，有利于监理行业长远发展。

2017 年第一季度末北京市建设监理协会将进行换届选举，很快就会产生协会第六届理事会。可以预见的是，第六届理事会将在北京监理行业中更具凝聚力，更有战斗力。我们愿意在中国建设监理协会的领导下，与兄弟省市协会一起，共同学习交流，共同促进行业发展，为我国的工程建设事业作出应有的贡献。

精准服务　创新发展　打造协会新形象

广东省建设监理协会　李薇娜

广东省建设监理协会自 2015 年 9 月换届以来，在新一届理事会引领下，适应新形势的要求，改进工作方式，坚持民主办会，规范管理，围绕会员单位关心的热点问题，推行精准服务，将服务会员工作落到实处，充分发挥协会职能，为促进行业创新发展发挥了积极作用。协会始终坚持以"精准化""贴心式"服务赢得会员支持，不断加强协会自身建设，取得了显著成绩，在 2016 年广东省民政厅社会组织评定中，以 992 分的高分又一次荣获 5A 等级的评定，并获得"广东省优秀社会组织"称号。接下来我们将从五个方面向大家汇报广东省建设监理协会工作：

一、建章立制，规范管理

1. 制之有衡，行之有度

制度是管理的基石和保障，要实现有效的管理，首先必须建章立制。2016 年，协会修订完善了《章程》和《广东省建设监理协会内部管理制度》，建立规范的内部运行机制，包括建立健全民主决策制度、选举制度、法人管理制度、会议制度、财务制度等多达 39 项制度，明确了各部门的工作职责，工作流程化，实行三级管理，大大提高了效率；制定了《绩效考核制度》，使秘书处工作协调有序、各司其职、各尽其责。目前我们正在开发协会信息管理系统，从协会内部 OA、会员管理、会务管理等多方面进一步提升管理水平。

协会每两年在会员单位开展一次评优活动，在行业内积极营造"争先创优、比学赶帮、锐意进取"的行业氛围。2016 年下半年，通过与会员反复沟通和讨论，历时三个月的修改完善，协会首次推出了详细的评分标准，包括量化指标、失信等行为一票否决、兼顾地区和行业平衡等。为了保证活动的公平公正，采用专家评审制度，由协会监事在场监督，抽取专家。这些制度的建立和实施，使评优从以前的"争指标"转变到现在的"送温暖"，深得会员单位的好评。

2. 构建行业自治体系，提高行业治理能力

2016 年以来，协会在加大行业交流、开展有序竞争、倡导诚信经营上动真脑筋、下真工夫，重构行业自治体系，让大企业有责任、能担当；中小企业有贡献、能自律，打造全省监理一家人责任共同体，多种手段完善行业自律机制：

（1）制定了网站"名优企业"栏目的推荐方案，明确了名优企业标准和推荐程序，并实行动态管理，提升了广东省优秀监理企业的影响力，向全社会展示传播行业正能量，塑造行业新形象。

（2）协会网站适时对于一些影响行业信誉、破坏行业操守、低价中标的监理企业予以公示，起到了警示作用，建立了会长牵引、会员参与、协会监督的行业自治体系新构架，形成行业自治新格局。

二、坚持民主办会，创新运行机制

民主办会是协会发展的根本。我们不断加强自身建设，坚持会务公开、管理规范、民主决策、依法治会，提高决策的科学性和有效性，努力打造平等民主与充满人文精神的现代协会。

1. 层级管理，落实民主

协会建立了民主、规范的内部运行机制，切实落实内部民主决策、民主管理、民主监督的制度体系。根据层级管理，协会定期召开会长办公会、常务理事会和理事会，接受监事会监督。

2. 多方面提高决策的科学性和有效性

在日常工作中，通过电话、网络或座谈等多种形式听取不同层次和不同地域的会员意见和建议；遇到意见有分歧时，会耐心听取不同声音，并经过反复研讨确定解决方案；协会重要的规章制度、重大活动方案等，均需要经过理事会、常务理事会或者会长办公会按职权审议同意后方可实施；利用协会专家库的技术优势，行业重大决策充分听取行业专家的意见建议，提高协会服务的专业性。

3. 协会构建信息化平台，畅通信息交流渠道

建立会员服务 QQ 群、会员服务微信群和微信公众号等，始终关注会员需求和意向，鼓励会员单位代表在群上互相交流，对协会工作建言献策。

三、会所式服务，企业化管理

自换届以来，协会一直推崇"会所式服务、企业化管理"的模式，主动为会员单位服务，努力

提高服务意识，为会员单位营造宾至如归的感觉。

1. 加强内部管理和自身建设，主动适应行业发展需求

协会根据实际情况调整了各部门工作职能和人员分工，制定了绩效考核管理办法，增强工作人员的责任感和大局意识；组织员工参学学习，进一步提高综合素质和服务水平；不断加强内部沟通协调，有效推动了各项工作的开展。

2. 服务会员是协会的工作重心

协会秘书处在会长、副会长带领下，分赴韶关、惠州、汕头、肇庆等地走访会员单位，深入了解企业的经营情况以及当地监理行业的生存现状和市场环境，协助会员单位解决遇到的难题。如肇庆会员普遍反映总监解锁时间长，协会秘书处立即和广东省信息中心联系，反映情况，找出了问题原因所在，行动之迅速深受会员好评。

协会召开了多次监理企业交流座谈会，邀请了部分不同层次、不同地域的会员单位参加，加强了与会员的沟通和联系，增进了彼此间的了解和感情，我们也从中积极寻求当前形势下监理行业平稳发展的新思路和新举措，为协会更好地服务会员单位奠定了扎实基础，也提升了会员的凝聚力。

截止到 2016 年底，协会企业会员数为 415 家，比 2015 年底增加了 127 家，增幅高达 44%。

四、多措并举，切实减轻企业负担

协会始终坚持把会员的切身利益摆在首位，想方设法减轻企业负担，持续增进会员福祉，共享发展成果。

1. 促进学习，共享资源

为适应新形势对监理企业新要求，不断提高广东省监理人员的整体素质，协会每年开展调查，了解会员培训需求。2016 年陆续免费举办了《监理行业劳动关系难点解析》《领导艺术与绩效管理》《建设工程项目 BIM 技术应用》《装配式建筑的发展与应用》和《监理企业经营法律问题研究》等专题讲座，深受广大会员欢迎。2017 年我们仍将继续开展

免费的各类专题培训，同时还将走出去，组织会员单位参观学习综合管廊等规模较大的在建工程。等协会信息系统建立好以后，会员单位的个人也将可以随时学习我们的专题培训，充分做到资源共享。

2. 建平台，降费用

协会召集了讲师、培训机构和会员单位座谈，听取各方意见，将培训工作改革内容落到实处：调整了监理员、专业监理工程师、安全监理员的面授时间；开发了网络教育平台，解决了从业人员工作和学习的矛盾；下调了会员单位的培训费，降幅高达 20%；多渠道地探索并聘请资深授课老师，组织专家修编了监理人员实务教材并出版发行，以提升监理行业从业人员的业务水平为出发点，全面提高协会服务水平和服务质量，更好地为行业发展服务。今后，工程监理将向全过程工程咨询逐步转变，协会正在研究，下一步将开展全过程工程咨询的人才培养计划和经验交流，为会员提供更多的帮助。

3. 减负促发展

针对近年来经济下行压力加大，企业经营困难增多的形势，协会认真研究，主动施策，决定会员单位入会每满一年可返还一个月会费，送关怀回馈会员单位。

协会始终坚持创新、协调、开放、共享的发展理念，多渠道为会员办好事、办实事，为行业发展注入更大的动能。

五、积极反映行业企业诉求，为政府部门当好参谋

协会作为行业的社团组织，积极反映行业和企业诉求，做好政府参谋和助手，搭起企业与政府、企业与企业、企业与社会各界的桥梁，引导行业自律、自治，推进行业健康和有序发展。

1. 积极反映行业企业诉求

针对政府主管部门和中国建设监理协会下发的文件或征求意见稿，协会通过问卷调查、座谈或通信等多种方式征求不同层次、不同地域的会员单位和专家意见，认真研究，积极向主管部门建言献

策，引导行业健康发展。

主动作为，搭建沟通桥梁，共谋行业发展。建筑业正处于改革时期，协会积极牵头联系广东省建筑业各协会同行，与建筑业协会、勘察设计协会、造价协会、招投标协会、工程咨询协会、采购协会、节能协会等定期召开工作碰头会，互通有无，加强学习和交流，共商行业发展。接下来我们还将搭建与政府主管部门的沟通桥梁，让会员直接面对面地和政府主管部门沟通交流，反映行业诉求。

2. 承接政府职能转移工作，为政府排忧解难

（1）协会承接了广东省监理企业资信评级工作，严格执行管理制度和办事程序，坚持在 10 个工作日内办结，加快速度，获得监理企业好评。实施期间也多次向广东省住建厅提出系统优化建议，为监理企业排忧解难。

（2）承接广东省住建厅《广东省建设工程监理条例》立法后评估的课题调研工作。协会组织各专家组成员分赴广州、深圳、珠海、韶关、汕头、佛山六个地市和石化、电力两个行业召开调研座谈会，认真听取政府主管部门、业主、施工企业和监理企业的意见和建议，收到调研问卷 1777 份，并撰写调研报告，向政府反映行业热点问题及有关情况。

（3）协会承接了广东省住建厅全省农村危房改造进度情况抽查工作，分赴粤东、西、北等经济欠发达地区，深入村镇进行农村危房改造走访，历时半个月，行程 15000 公里，核验了全省 15 个地市 30 个县 300 户农户的样本数据，圆满完成任务，刷新了协会履行社会职责的历史记录，受到了新闻媒体的关注和报道，得到了广东省住建厅领导的充分肯定，树立了行业的良好形象。

"不谋全局者，不足以谋一域；不谋万世者，不足以谋一时。"监理行业正面临新的发展形势，监理企业重新战略定位和自我扬弃的挑战十分严峻，市场竞争也更为激烈。协会将切实增强会员服务工作的责任感、紧迫感，以创新发展为理念，明确努力方向，坚持精准服务，突出工作重点，创新工作机制，聚焦行业发展，以务实而又卓有成效的工作改变协会面貌，推动行业的稳健发展。

关于公布首届"中国建设监理与咨询"征文活动评选结果的通知

　　为了适应国家行政体制改革需要，促进建设监理行业健康发展，提高广大监理人员的技术与管理水平，《中国建设监理与咨询》编辑部发起并举办了首届"中国建设监理与咨询"征文比赛活动。此次征文比赛活动自 2016 年 7 月 12 日启动以来，得到了广大监理工作者积极响应和热情参与，到活动截稿时共收到了 522 篇文章。一些协会和企业针对本次活动进行了组织工作，并出台了相应的鼓励措施，对活动的开展起到了很好的宣传推动作用。为做好征文稿件的评审工作，编辑部成立了专家评审组，在业内专家的大力支持下，经过两轮的稿件评审和综合评定，评出一等奖 3 名、二等奖 8 名、三等奖 15 名、纪念奖 30 名（名单见附件）。为对积极支持本次活动的单位表示感谢，特设活动组织奖两名，现一并公布。

　　希望获奖的同志和受到表扬的单位，再接再厉；希望更多的监理工作者及社会各界人士，积极参与有关建设监理行业发展问题的探讨，共同推进我国建设监理事业的发展。

　　附件：《首届"中国建设监理与咨询"征文活动评选结果》

中国建设监理协会

2017 年 2 月 27 日

附件

首届"中国建设监理与咨询"征文活动评选结果

一、优秀论文

	序号	文章题目	作者	作者所在单位
一等奖	1	BIM技术在内蒙古少数民族群众文化体育运动中心全过程项目管理中的应用解析	李永双	重庆联盛建设项目管理有限公司
	2	营改增对监理企业的影响及对策	毋亮俊	山西省煤炭建设监理有限公司
	3	取消政府指导价后的监理现状调查、分析与对策	王怀栋	连云港市建设监理有限公司
二等奖	1	建设工程监理发展中的问题和对策	李武玉	山西新盛建设监理有限公司
	2	地铁区间联络通道冻结法施工监理控制技术研究	顾伟明	上海建科工程咨询有限公司
	3	项目总监如何做好现场监理工作的探讨	韩石忠	上海建科工程项目管理有限公司
	4	浅谈CSM工法施工工艺的监理质量控制	向辉 张黎	武汉华胜工程建设科技有限公司
	5	当前推动PPP工作存在的主要困难和对策建议	袁政	天津国际工程咨询公司

	序号	文章题目	作者	作者所在单位
二等奖	6	解析大型连体钢结构运用液压同步提升技术吊装应避的问题	张雄涛	广州珠江工程建设监理有限公司
	7	工程监理转型升级探索与思考	汪华东 陈文杰	四川二滩国际工程咨询有限责任公司
	8	500kV海缆终端站防雷接地监理简化计算分析与工程质量控制	吴海凤	广东天广工程监理咨询有限公司
三等奖	1	试论建设工程安全生产责任在不同管理模式下的实现路径——以评析我国现行安全监理责任制度为中心	王伟	湖北天成建设工程项目管理有限公司
	2	建筑师管理模式下的监理工作实践	罗玉杰	北京五环国际工程管理有限公司
	3	浅析部分非国有资金投资项目低价监理的成因及后果	刘跃荣	山西共达建设工程项目管理有限公司
	4	工程监理信息化技术在港珠澳大桥岛隧工程的应用	周玉峰	广州市市政工程监理有限公司
	5	浅谈燃汽机设备二次灌浆质量控制	姚松柏	山西和祥建通工程项目管理有限公司
	6	监理与《论语》	骆拴青	河南大象建设监理咨询有限公司
	7	浅谈单兵系统在监理工作中的应用	尹忠龙	山西锦通工程项目管理咨询有限公司
	8	剧院工程主体结构造价控制突出问题探讨	赵京宇	浙江江南工程管理股份有限公司
	9	浅谈监理日常工作方法的创新	郭俊煜	核工业第七研究设计院建设监理公司
	10	浅谈如何做好医检项目的项目管理工作	陶升健 胡新赞	浙江江南工程管理股份有限公司
	11	监理工程师职业定位的几点思考	李静	山西省建设监理协会"专家委"成员
	12	工程监理企业在"互联网+"新形势下的几点思考	吴红涛	武汉华胜工程建设科技有限公司
	13	编辑企业内刊的实践与探索	刘颖	太原理工大成工程有限公司
	14	浅谈杭州奥体看台聚脲喷涂监理管控要点	陆学水 陈飞龙	浙江江南工程管理股份有限公司
	15	影响团队战力的四大因素——在社会新常态中公司"减员增效"要求背景下的思考	周俊杰	浙江江南工程管理股份有限公司
纪念奖	1	浅议南昌富水砂层土压平衡盾构带压开仓换刀技术	魏军	西安铁一院工程咨询监理有限责任公司
	2	浅谈BIM技术在监理工作的应用	刘军鸣	河南建达工程咨询有限公司
	3	PM3模型在监理质量管理中的应用研究	梁明 范中东	西安高新建设监理有限责任公司
	4	基于BIM技术的建设监理应用探讨	张继 练巧辉 张伟萌 王长	广州宏达工程顾问有限公司
	5	金属屋面工程安装施工技术及质量控制要点	沈家贤 郭军平	浙江江南工程管理股份有限公司
	6	浅议地铁轨道施工的安全监理	冉耀光	西安铁一院工程咨询监理有限责任公司
	7	浅析监理企业转型过程中的安全管理	杨洪	四川二滩国际工程咨询有限责任公司
	8	品牌监理企业文化建设的思考	肖井才 高焕平	太原理工大成工程有限公司
	9	工程建设项目职业化管理的优势	刘原	寰球工程项目管理（北京）有限公司
	10	从"清华附中12·29坍塌事故"中，安全监理应吸取的教训	周建	重庆天骄监理有限公司

续表

	序号	文章题目	作者	作者所在单位
纪念奖	11	公路监理行业现状分析及建设管理体制改革对监理行业影响探讨	李均亮	西安公路交大建设监理公司
	12	我在"三国"做监理	张操	河南大象建设监理咨询有限公司
	13	谁能让老百姓住上质量放心的房子	吴勇忠	新疆昆仑工程监理有限责任公司
	14	对现阶段一些监理现象的剖析	高春勇	太原理工大成工程有限公司
	15	仙居抽水蓄能电站施工监理实践与认识	王波	中国水利水电建设工程咨询北京有限公司
	16	高层建筑防雷与接地系统监理工作探究	熊世赋	恩施职业技术学院
	17	监理公司三标准管理体系建设问题及对策研究	张志诚	湖北环宇工程建设监理有限公司
	18	民营监理与咨询企业如何"强身健体"	温江水	河北富士工程咨询有限公司
	19	项目管理与监理一体化模式的探讨	李阳	北京英诺威建设工程管理有限公司
	20	浅谈超高层建筑监理工作的重点难点	王劭辉	郑州中兴工程监理有限公司
	21	建筑工程项目电气安装监理管理之浅见	周纯爵	广州宏达工程顾问有限公司
	22	监理向工程项目管理过渡的探索和实践	段剑飞	山西和祥建通工程项目管理有限公司
	23	浅谈新时期建筑工程监理公司发展策略	田哲远	山西省建设监理有限公司
	24	工程项目推行质量计划，提高监理质量控制效果	刘天煜	郑州中兴工程监理有限公司
	25	为监理行业的健康发展之言之策	刘利生	山西华安工程监理咨询有限公司
	26	浅谈天然气管道建设的质量管理和安全控制	符精运	海南民益工程技术有限公司
	27	对工程建设与管理中腐败现象的剖析与对策	王运峰	河北富士工程咨询有限公司
	28	浅谈监理行业发展方向	康曜广	山西安宇建设监理有限公司
	29	监理行业面临的困境及相应的对策	赵五昌	陕西安信工程建设监理有限责任公司
	30	论监理在施工阶段对项目投资控制的措施	秦素娟	晋城市明泰建设监理有限公司

二、活动组织奖

山西省建设监理协会

浙江江南工程管理股份有限公司

当前推动PPP工作存在的主要困难和对策建议

天津国际工程咨询公司　袁政

摘　要：笔者参与了近百个PPP项目的推动工作，对推动PPP项目的困难深有体会。当前推进PPP存在的主要困难和问题一是项目经营性较差；二是PPP模式本身的特许，比如PPP模式对社会投资者的要求较高、流程较传统政府投资模式烦琐；三是参与方的原因，比如政府将PPP作为一种融资模式、施工队招标方式，社会资本主要是寻找施工业务或明股实债形成债权而不愿参与项目运营，合作中难以形成平等关系，咨询服务能力较弱；四是政策因素，比如面临政策约束、PPP审查与项目审批制度的关系不明；五是其他现实因素，比如原有政府投融资体制未作出妥善安排，来自原有基础设施和公共服务供给机制的阻力。针对推动PPP工作存在的困难和问题，提出以下建议，一是完善PPP项目发起程序；二是尽快完成PPP立法；三是将PPP工作与简政放权相结合，简化项目审查流程；四是将PPP工作纳入供给侧改革范畴；五是将PPP工作与事业单位、国企改革相结合；六是引入具有运营优势的社会资本。

十八届三中全会提出"允许社会资本通过特许经营等方式参与城市基础设施投资和运营"，之后国家发改委、财政部从2014年开始大力推动PPP模式，至今已有两年时间。各地公开推介的PPP项目已超过五千个，这些项目可以说都是经过精心筛选的，但成功签约实施的却不足20%。笔者将参与PPP项目推动工作体会进行总结，以供大家研究对策、提出建议。

一、当前PPP项目落地签约主要困难和问题

PPP项目落地签约困难既有内因也有外因。从内部来看，项目特性和PPP流程特点具有一定的先天局限性，各参与方的认识、意愿尚未统一，工作能力有待提高。从外部来看，推动PPP工作还面临着政策约束和一些现实因素影响。

（一）项目特性

主要是项目经营性较差，难以吸引社会投资者进行投资。这主要是两方面原因造成的：一方面，各地已推介的PPP项目多是基础设施和公共服务类项目，该类项目本身营利性较差甚至无营利性，尤其是城市道路、生态治理、水利工程等；另一方面，现有项目发起机制以行业主管部门、政府性平台公司发起为主，在项目发起的初始阶段已将具有一定营利性的项目留下自行建设，被推介的多为无经营性或营利性较差的项目。

（二）PPP特性

1. PPP模式对社会投资者的要求较高

推广PPP模式的一大初衷，就是利用社会投资者在资金、施工、管理、运营等方面的优势，提高公共服务质量。因此，在关于PPP的文件中都要求由社会投资者负责项目的投资、建设、运营。但在较长时间内，我国基础设施和公共服务项目形成了政府决策、财政投资（或平台公司融资，财政担保）、施工企业建设、事业单位或国企运营的模式，难以找到能单独完成投资、建设、运营全流程工作的社会企业。项目投资规模越大、工程越复杂，此种矛盾就越突出。

2. PPP流程较传统政府投资模式烦琐

根据国家发改委、财政部对PPP项目操作流程的指导性意见，一个PPP项目从发起到最终实施，需要经过初审、可行性评估、物有所值评估、财政可承受能力评估、联审、政府审核、公开推介、招标、谈判、公示等程序，需要提交发起材料、实施方案、可行性评估报告、物有所值评估报告、财政可承受能力评估报告、资产评估报告等材料，程序较复杂。除了走这些PPP特有程序外，按照

现有土地、规划、项目审批、环保等法律法规，还要经过土地、规划、项目申请、项目审批、环评、能评、社会稳定风险评估等程序。从发起到实施平均需要1~2年时间。但在多数地区，基础设施项目都是有建设计划的，如年度建设计划等，项目的开竣工时间都有限定。PPP烦琐的操作流程，在时限上难以满足目前我国项目建设的快节奏特点。曾有政府部门在特许经营范围尚未确定的情况下要求一个月内完成PPP方案编制、评估、招标、签约工作，虽然此要求不合理，但此案例也突出地反映出PPP模式与我国现有政府投融资模式间的不匹配。

（三）参与方的原因

1.项目实施机构对PPP模式的认识

政府方项目实施机构对PPP有两种典型认识：一是一种融资模式，实施机构采取PPP模式主要目的是利用社会资本的资金，但不愿让社会资本参与项目运营，不愿让渡项目的经营权，不愿匹配其他经营性资源，更不愿由社会资本控股项目公司；二是一种施工队的招标方式，采取PPP模式目的是规范招标程序。很少有实施机构将PPP作为基础设施和公共服务的供给模式。由此导致，社会资本除了以施工或贷款方式，很难参与到PPP项目。

2.社会资本的意愿

从洽谈的社会资本构成看，以施工企业、银行和投资公司为主，项目运营的企业极少。社会资本参与项目，主要目的是寻找施工业务或明股实债形成债权，参与项目运营的意愿较弱。

3.合作中难以形成平等关系

PPP项目的合作双方应在平等协商、依法合规的基础上订立项目合同，合同双方具有平等的民事主体地位。然

而在PPP协议中，往往过多的规定了社会资本的义务和违约责任，而弱化了政府应承担的责任，甚至某些部门禁止协议中出现"政府违约"的字样。另一方面，社会资本往往担心在项目实施过程中难以对政府违约进行追责，难以放心的参与PPP项目。

4.咨询服务能力有待提高

在推动PPP工作中，接触了较多的咨询机构。在参加各类PPP培训、研讨会中，咨询机构基本能占三分之一的席位。综合来看，在各类咨询机构中，工程咨询单位和律师事务所约占三分之二，投融资咨询、资产评估、设计单位、招标机构、培训机构、高校约占三分之一。近两年，我国经济增速放缓、简化审批流程、清理红顶中介，咨询市场萎缩、竞争激烈，在此背景下，各咨询机构将PPP咨询作为业务转型的重要方向。目前从事PPP咨询的机构多少半路出家，尽管都宣称自己有众多项目经验，但进行过系统研究、具有专门人才的咨询机构却较少。咨询机构难以提供专业、高效的服务，迟滞了项目的PPP进度。

（四）政策因素

1.面临的政策约束

现有土地政策、预算政策、审批制度、国资国企管理政策等，对项目审批、土地使用、国资参股、国有资产交割、财政支付等进行较严格的规定，对PPP项目操作形成了较多约束，在程序上较烦琐甚至难以逾越。例如，某些非经营性项目需要匹配经营性资源，项目周边土地使用权经常成为社会投资者希望获得的资源，但这与现行土地招拍挂政策相冲突；PPP项目中的政府支付义务要纳入财政预算，但现行预算政策预算最长为3年，难以与PPP项目动辄二三十

年的合作期相匹配。

2.PPP审查与项目审批制度的关系不明

我国已具有一套完善的项目审批程序，根据投资领域和投资主体分为审批、核准、备案制，对审核内容进行了明确的设置，并在各级政府间划分了管理权限。PPP项目审查，在建设必要性、工程方案、规划条件、用地条件、投资估算等方面与项目审批的审查内容是重复的，这些重复内容能否在两个审查制度中互认，目前没有明确规定，现实中的做法是两个程序都要走，增加了投入、延长了时间。另外，政府投资项目一般走审批制，企业投资项目一般走核准和备案制，PPP项目是走审批、核准、备案，还是另设新的制度，目前没有明确规定。现实中各地的做法多是按照政府投资项目走审批流程，过程较烦琐。

（五）其他现实因素

1.原有政府投融资体制未作出妥善安排

2000年以后，几乎各级地方政府都成立了平台公司，由平台承担地方政府的基础设施建设和固定资产投资任务。一方面，这些平台公司为我国的城镇化快速发展、基础设施建设立下了汗马功劳。另一方面，积累了大量的债务。部分平台公司由于资产多是基础设施，变现能力较差，所以采取包装新项目向银行贷款，用新债还旧债便成了应急做法。如果地方政府以PPP模式建设基础设施，则有可能导致平台公司缺少新项目以向银行贷款，造成平台公司资金链断裂，进而造成政府债务危机。目前，全国各地平台公司进入了集中偿债高峰期，防范系统性金融风险不得不引起重视。

2.来自原有基础设施和公共服务供

给机制的阻力

平台公司往往设有施工、设计、运维、融资等部门或下属单位，供水、供热、养老、医疗、教育等公共服务在绝大部分地区是由事业单位或国企提供的。在基础设施和公共服务领域推广 PPP 模式，来自原有提供服务的事业单位、国企和平台公司的阻力不容忽视，对人员安置、福利待遇、社会稳定也要考虑。这是全面深化改革的深层次问题，不是 PPP 工作能够解决的。

二、开展 PPP 工作的政策建议

通过上文分析可知，目前 PPP 项目落地签约面临的困难和问题是多方面的，破解这些难题，需要从法律、政策措施、管理措施、操作层面多管齐下，采取多种手段解决问题。

（一）完善 PPP 项目发起程序

一方面，对政府投资项目，首先进行 PPP 适宜性论证，论证通过的项目将采取 PPP 模式实施，论证不通过的项目再由其他方式实施。另一方面，鼓励社会资本发起项目，给予发起单位的优先参与权，对发起单位的前期投入给予适当补助。

（二）尽快完成 PPP 立法

通过立法，规范项目发起、论证、政府承诺、招标、监管、财政支付、移交等工作，使 PPP 工作有法可依。通过立法，理清 PPP 模式与现有政策的关系，规范 PPP 操作程序。通过立法，保护社会投资者的合法权益。

（三）将 PPP 工作与简政放权相结合，简化项目审查流程

建议对拟采用 PPP 模式实施的项目简化审核程序。横向上，可多部门联合审查，与其他审核流程合并同类项。纵向上，对同一项内容不作重复性审查、减少审查环节。一是将项目立项与 PPP 发起两个审核程序进行合并，在项目建议书批复中即明确是否采用 PPP 模式实施，或在 PPP 项目发起审核中纳入立项功能，认为已发起的项目即为已获得立项的项目。二是将项目可行性评估与 PPP 实施方案可行性评估进行合并，将项目可行性研究与 PPP 实施方案编制进行合并，在可行性研究中纳入 PPP 实施方案内容。三是将项目规划条件审查、土地使用审查与 PPP 实施方案评估合并，在评估过程中邀请规划、国土部门参加并出具意见，PPP 实施方案通过评估的项目即视同通过了规划、土地审查。

（四）将 PPP 工作纳入供给侧改革范畴

从基础设施和公共服务供给角度看，PPP 是一种供给模式。通过 PPP 模式，转变基础设施和公共服务单一由政府提供的模式，改为由社会资本提供，或政府与社会资本合作提供；提高公共服务质量和效率；转变政府职能，由公共服务的提供者变为监督者。我国正在推动供给侧改革，基础设施和公共服务供给侧改革是其中的重要方面，PPP 就是其重要抓手。将 PPP 工作纳入供给侧改革范畴，有利于转变政府、实施机构对 PPP 模式的认识。

（五）将 PPP 工作与事业单位、国企改革相结合

基础设施建设长期由融资平台公司承担，公共服务长期由事业单位和国有企业提供。这种模式，在近期表现出一定的局限性，如国有企业形成行业垄断、事业单位财政负担重、效率低，尤其是平台公司高杠杆、高债务的运作模式使得地方政府背负着较大的债务，近期查处的贪腐案件也多与城建系统有关。事业单位和国有企业改革已成为全面深化改革的重要内容。改革，就是调整利益关系，打破固化的利益格局。将基础设施、公共服务市场开放，允许各类投资主体进行投资、建设、运营。同时，具有经营收入的事业单位，可改制为企业，参与市场竞争，以提高效率、减轻财政负担。国有企业以股权结构调整为核心进行改革。平台公司剥离政府融资功能。运用 PPP 模式，通过各类型投资主体间持股、参股的方式组建项目公司参与基础设施和公共服务项目，在合营项目公司的基础上摸索国企股份制改革经验，逐步实现国企改革。

（六）引入具有运营优势的社会资本

单纯引入施工企业或资本投资，而缺少运营企业的参与，项目难以成功。不同公共产品和服务项目的投资运营成功的核心壁垒具有一定的差异，这也决定了引入具有关键性互补优势的社会资本对于项目整体运营风险的降低有很重要的作用。比如：交通类基础设施固定资产投资规模大，资金实力和项目管理能力更为重要；机电类项目对于核心设备及其后期维护的要求更高，设备商的参与非常关键；教育、医院等服务类项目对于运营能力的要求比较高，引入运营能力较强的合作方比较关键。

三、结语

本文仅就作者在推动 PPP 工作中遇到的困难和问题进行分析，并对对策措施进行理论探讨。在不同地区、不同项目类型，必将存在着其他困难和问题。各位同仁对于如何破解这些难题，也将有自己的建议。希望大家共同探讨，通过各方的共同努力，更好地推动 PPP 工作。

监理与《论语》

河南大象建设监理咨询有限公司　骆拴青

在人生不惑之年我做了一件事——把《论语》这本书读了一百遍。《论语》是一部博大精深的国学经典，凝聚了儒家文化和思想的精髓，蕴涵"仁""礼"和"中庸"之道，其管理理念和用人哲学对做好监理事业有很好的借鉴作用，是一部实用的企业、项目管理圣经。既然古有"半部论语治天下"，那么今天我们也能"半部论语治企业、半部论语治监理"。请听一个从事监理行业十五载，在不惑之年读《论语》一百遍后的感触和启发……

子曰："默而识之，学而不厌，诲人不倦，何有于我哉？"

"默而识之"是说一个人学习起来要努力记住。闭着眼睛好好地回忆所学的东西，记到脑子里，现代叫作积极思维。我们的一些现场监理人员旁站桩基施工时竟然不清楚有效桩长、桩顶标高，钢筋隐蔽验收不熟悉 G101 图集，对新材料新工艺不了解。监理工作浮于表面，浅尝辄止。表面上在看图纸、学规范，实际上没安下心，没沉住气，没有进入学习状态。缺乏的正是这种"默而识之"的学习精神。

"学而不厌"是努力学习、总不满足。目前各种新技术、新材料、新工艺、新结构正在日新月异的发展，新型管理模式、BIM 技术的应用，工程建设的"低碳化""标准化"和"数字化"落地，使我们所熟悉的好多规范、图集、技术、管理模式、监理方式等即将成为过去式，摆在我们监理人面前的，必须要学习掌握的新知识很多。比如一些重点项目的建设、设计、施工单位正在不同程度的应用 BIM 技术，事实上我们监理人在 BIM 技术的掌握、应用、投入等方面已经滞后不少了，如果我们在 BIM 方面不能与时俱进，不采取加速度，那么后果可想而知了。所以说，最应该不满足、最应该努力学习、最需要"学而不厌"的人正是我们监理人。

"诲人不倦"，虽然是说老师传道授业时不该有疲倦的表现，但是对我们监理也有相当的借鉴意义。施工单位对工人的"三级教育""技术、安全交底"是传道授业，我们监理单位进行的经营部向工程管理部，工程管理部向总监，总监向项目监理机构人员逐级进行的监理合同交底；每周的内部学习会议；总监分阶段分专业所作的技术交底；还有我们项目监理部的"认老师""老帮带"都是传道授业。但是，对我们监理来说仅仅做传道授业是不够的，还需要对"诲人不倦"进行监督。殊不知因清华附中工地坍塌被判有期徒刑的监理工程师兼安全员田克军正是错在"对现场未交底的情况未进行监督"。

《毛泽东选集》中多次出现孔子"学而不厌，诲人不倦"的教导，这两句话再加上"对'诲人不倦'的监督"也可以当作对监理人员要求的至理名言。

子以四教：文、行、忠、信。

孔子对弟子的"四教"，不是平行的，它有不同的概念、不同的层次。"文"指的是学会各种本领，还应付诸实践，即"行"。由此知道，从懂得到能应用于实践是一个重要的过程。在实践中，要求"忠""信"，"忠"是对自己而言，努力做好自己的工作，忠于职守，努力奋斗，知难不退、受挫弥坚。我们在监理的道路上"忠"的度又有几何？我们的注意力过渡集中在了监理费的高低、工资待遇的好坏、物质条件优劣；出什么样的监理费派什么人，开多少工资干多少活，以至于失去了对自己"忠"。"信"是对待人而言，说话算数，一诺千金，实实在在，诚心诚意。说施工行业是"一流人员中标，二流人员进场，三流人员干活"，我们监理行业又何尝不是呢？四库一平台建立、诚信体系建立，建设单位要求我们"打卡刷脸"，正是我们无"信"的生动写照。那神圣的签字盖章的承诺，在我们心中又有几斤几两？莫怪社会上对我们监理有偏见，是我们在欺骗别人、不诚信在前，没有尽到全力，没有做得问心无愧。"人而无信，不知其可"，在社会上，只有相互信任，才能共同获得自由，如果自己不诚信，人人不诚信，大家都将寸步难行。一个人，一个团体，守不守信，立竿见影，别人一眼就可以看穿。不守信的人是自欺欺人。

子曰："有德者必有言，有言者不必有德。仁者必有勇，勇者不必有仁。"

这句话体现出本质与现象、源与流的关系。有德的人心中充满道德，用行表现，也用言表现，不多费事，不用假装，自己德行的本质便自然通过言表现出来，犹如我们那些"婆婆嘴、兔子腿"。敬业爱岗尽职履责的现场监理便属于"有德必有言者"。同样，具备"仁"的监理，整天考虑的是项目的、企业的、行业的、社会的利益，遇到违法违规时，会不假思索，挺身而出。法律法规、合同及社会赋予我们监理的历史使命就要求我们对项目建设负责，"三控、两管、一协调＋安全生产管理的监理工作"是我们的基本工作内容，对内管理要严于律己，对重大质量安全隐患及违法违规等行为要勇于"亮剑"。"控、管、协"，如果我们无"德"、无"仁"哪一项工作都做不好。

孔子曰："君子有三畏：畏天命，畏大人，畏圣人之言。小人不知天命而不畏也。狎大人，侮圣人之言。"

"畏"是敬畏、害怕。只有心存敬畏，才能有如履薄冰的谨慎态度；才能有战战兢兢的戒惧意念；心存敬畏之心，方能行有所止。毛泽东曾说：我们共产党人有两怕，一怕人民，二怕各民主党派。我们监理人也有三畏：畏合同、畏法规、畏制度。因为"合同、法规、制度"承载着我们监理人的"义"和"情怀"，我们不是饱食终日，无所用心之徒，我们是为义而聚，承担着建设使命并为项目建设奉献着自己人生的监理人。我们只有常怀敬畏之心，信守承诺、维护规矩、把持底线、勇于担责，才能实现我们的价值。

孔子曰："君子有九思：视思明，听思聪，色思温，貌思恭，言思忠，事思敬，疑思问，忿思难，见得思义。"

视如果不"明"，戴着有色眼镜看问题，往往把事情看错，得出错误结论。听不"聪"，只听谗言媚语，不听忠言、正语，则会成为一个不辨好坏的糊涂虫。色不"温"，便是凶恶。貌不"恭"，便是傲慢。说话不忠，便是信口胡说。办事不"敬"，是草率应付。有疑不"问"，则是自作聪明。忿不思"难"，做事不考虑后果，一时得意，终身遗憾。见得不思"义"，取不义之财，定会惹火烧身。孔子说的"九思"，乃人生之要诀，说得既全面又中肯，简直就是孔老夫子专门告诫我们监理从业人员的箴言，如果我们做监理不能时常"九思"，就对不起我们那个"高学历、一专多能、既有理论又有实践经验的代表建设单位对项目建设进行控制、管理、协调的复合型人才"的尊称；就担负不起监理行业的荣与辱。

王孙贾问曰："'与其媚于奥，宁媚于灶。'何谓也？"子曰："不然，获罪于天，无所祷也。"

王孙贾说："巴结这尊神，不如巴结那尊神。"孔子说："我谁也不巴结。得罪了最大的老天爷，你怎样祷告也无用。"以此引申来说，我们监理的执业准则就是法律法规赋予的责任和义务，如果我们"看这个脸色""在意那个""怕得罪另外一个"，那么我们就会得罪了"最大的老天爷"，违反了正道——法律法规，我们就会像因清华附中工地坍塌被判 5 年有期徒刑的总监那样"获罪于天，无所祷也"了。

子曰："富与贵，是人之所欲也。不以其道得之，不处也。贫与贱，是人之所恶也。不以其道得之，不去也。君子去仁，恶乎成名？君子无终食之间违仁，造次必于是，颠沛必于是。"

谁都希望富贵，不希望贫贱。我们监理人也一样，要不断改变监理费用低、待遇不高的现状，争取我们的富与贵。但要用正当的手段得到，不要用不正当的手段攫取。正当与不正当手段的不同就是依"道"和不依"道"。"道"是以仁心、仁的主张进入社会，对待别人。丢了仁，便不能成好名，反成恶名，更别说富与贵了。监理的"道与仁"又是什么？没有"道与仁"的监理又能走多远？一个项目的建设真正因为有监理而增值几何？我们监理人的使命、志向、理想、情怀是什么？作为一名监理，路漫漫其修远兮，吾将上下而求索。

子夏曰："小人之过也必文。"

对过错进行掩饰，是不改过的表现。明明自己错了，怕受惩罚或为了减轻罪责，千方百计找出理由，说明自己无过、少过，或把过推给别人，推向客观，都不是正确的态度。结果是欲盖弥彰，只能说明自己对所犯错误缺乏认识，往往会被加重处罚力度，是文过饰非者更加得不偿失。我们监理人大概、可能以为自己是管理者而不能有错，还是别的什么原因，在"知错""认错"方面做得不够好。诸如：有位甲方项目负责人与总监沟通安排安全监理（投标文件、合同都约定配置专职安全监理人员）到岗，这位总监给建设单位说我们现场的每一个监理都管安全都是安全员。诸如：项目出了问题，说那都是施工单位的错，我们监理没责任，等主管部门处罚了或法院判决监理承担法律责任了，又说什么冤枉了，监理费低了，承担的责任与待遇不对等了。作为监理如果我们没有担当，不能正视我们的错误，没有"过则勿惮改"和欢迎别人批评的宽大胸怀，是很难做到令业主满意、公司满意、自己满意，做到快乐而有尊严的。

子曰："可与言而不与之言，失人；不可与言而与之言，失言。智者不失人，亦不失言。"

对于说话来说，一句话该说不该说，是有讲究有学问的。这既是一种语言艺术，也是一种心态。我们监理的工作有"控制"、有"管理"、有"协调"，我们的语言（当然包含书面语言）不但要求有"讲究"、有"学问"、有"艺术"，还要有"度"，要"无过无不及"。语言如此，做事亦如此。我们监理该做的做，不该做的坚决不做，该做的没做叫失职，不该做的做了叫渎职；做正确的事情，有时候也是做事的一种底线，除了底线以上的东西都可以统称为"正确的事情"，但是就是不能碰触底线，这个底线比如做人的底线，法律的底线，道德的底线，等等。既然选择了监理这个行业，我们就要摆正心态，从自身做起，在监理工作中时刻保持一颗敬畏之心，脚踏实地地做好每一项工作，学会保护好自己，看好"自己的门"，在我们监理的道路上"终日乾乾，与时偕行"。

孔子曰："益者三友，损者三友。友直，友谅，友多闻，益矣。友便辟，友善柔，友便佞，损矣。"

正直、信实、博学，都是人应具备的主要品质。有这些品质的人做朋友，能对自己熏陶、帮助，能做到"以友辅仁"，通过交友提高自己的品质。虽说我们监理人应该一专多能，既有理论又有实践经验，但建筑技术发展日新月异，项目管理新模式层出不穷。我们监理人想要样样通是很难做到的。我们要学习古人，通过结交建设、设计、施工、材料、勘察、检测、咨询等相关专业的"正直、信实、博学"之友，作为我们监理人的智囊团顾问，做到"以友辅仁"，从而提高监理服务的水平和质量，使项目建设因为有我们监理而精彩。

子曰："听讼，吾犹人也，必也使无讼乎！"

这句话是孔子在鲁国做大司寇时说的，他形象地说：我问案子和别人一样认真负责，但我最大的愿望是没事干，失业了。这使我想起了同仁堂的那副对联"但愿世间人无病，何妨架上药生尘。"那么号称工程质量"卫士"的监理，其愿望、使命、志向又是什么呢？

子曰："不在其位，不谋其政。"曾子曰："君子思不出其位。"

各在其位，各司其职，分工合作，做好工作。这在管理学上叫"定位论"。"思不出其位"正是对虚位、越位、错位的反对。其实我们的日常监理工作中的虚位、越位、错位时常出现，且后果严重。诸如"有其名无其人"项目挂名之虚位者；专监或总代签发停工通知之越位者；对施工指手画脚却因未履行监理法定责任义务而承担法律责任之错位者。汉丞相"丙吉察牛"的故事：他在街上看见几个人打架，不管，却管牛喘。因为他知道自有管打架的官员，而耕牛是春耕的主力，春耕是大事，丞相要管。监理的岗位责任、权利义务都是有明文规定，我们必须时时刻刻保持"君子思不出其位"，"虚位、越位、错位"要不得。

子张问于孔子曰："何如斯可以从政矣？"子曰："尊五美，摒四恶，斯可以从政矣。"子张曰："何谓五美？"子曰："君子惠而不费，劳而不怨，欲而不贪，泰而不骄，威而不猛。"子张曰："何谓惠而不费？"子曰："因民之所利而利之，斯不亦惠而不费乎？择可劳而劳之，又谁怨？欲仁而得仁，又焉贪？君子无众寡，无小大，无敢慢，斯不亦泰而不骄乎？君子正其衣冠，尊其瞻视，俨然人望而畏之，斯不亦威而不猛乎？"子张曰："何谓四恶？"子曰："不教而杀谓之虐；不戒视成谓之暴；慢令致期谓之贼；犹之与人也，出纳之吝谓之有司。"

"惠而不费"，体现了"以人为本"的管理理念中的人文关怀的重要性。我们监理企业的主要成本和核心竞争力都在人员上，领导者应该真正了解员工的工作和生活的各种实际要求，并切实地从员工的角度考虑问题。在追求企业利益的同时一定要兼顾员工的利益，掌握好企业与员工利益的平衡点。管理上要宽严结合。这样即使增大了企业的运营成本也不会使企业遭受损失，因为员工从内心对企业有了归属感，员工的创造性和工作热情就会大大增强，就会提高工作效率，从而创造出更多的效益。这就达到了"惠而不费"的境界。如果对员工的管理过于苛细，纵使暂时能提高效益，但时间一长必然会衍生其他问题。

"劳而不怨"，就是如何让员工既任劳也任怨，俗话说：任劳易，任怨难。做到让员工从事繁重和高难度工作的同时，心中没有"埋怨"，甚至是愉快主动地接受任务是很难的，这也是每一个管理者所希望达到的理想管理状态。但是如何才能达到这样一种状态，却常常让管理者困扰不已。要解决这一问题其实就涉及确立我们监理行业与企业的愿景、企业的用人战略和薪酬问题。孔子说："择可劳而劳之，又谁怨？"这里面有两层意思：一是让员工带着希望去工作并有相对应的报酬；二是要求用人得当，人尽其才。让员工带着希望去工作就要明确行业的、企业的"愿景"，管理者应该不断地向员工宣传行业企业的愿景，让员工了解自己为企业、行业所做的一切，会在未来获得怎样的回报，会达到什么人生目标。在确立愿景后还要制定合理公平的薪酬制度及公平的人才战略，让员工感到他们不仅是在为公司创造利益，更是在为自己的利益和人生目标而努力，并在企业感到有公平的发展空间和环境。这样员工工作起来才有干劲，就会劳而不怨。

"欲而不贪"中"欲"不是广义的欲望，而是积极向上的，对美好事物的追求，是向善的力量。"不贪"指的是对欲望的追求不超过合理的限度，否则，欲望就发展为贪婪，最终反受其害。对于企业而言，这就是我们常说的树立正确的企业价值观问题。企业在追求利益最大化的时候一定要坚守一个道德的底线。现在有些企业的管理者为了获得更高的利润而偷工减料（现场监理人员数量和质量远远低于合同约定）或生产假冒伪劣产品（监理服务质量业主不满意，甚至违法违规），在损害消费者权益的同时，也毁掉了公司的声誉和个人的前程。"欲而不贪"是我们监理企业价值观和监理从业人员人生价值观很重要的内容。

"泰而不骄"也有两层意思。一是对于管理者来说一定要既保持不忧不惧的心态，心平气和，遇事泰然自若，不要矜己傲物、装模作样、色厉内荏，给人以盛气凌人的感觉，这一点对我们的一线年轻监理人员很重要。二是对于企业来说一定要有忧患意识，虽然企业现在发展很好，但一定要保持清醒头脑，要考虑企业长远的发展目标，做到泰而不骄。这样企业才会基业长青。

"威而不猛"是告诫管理者应该时刻注重自己的行为举止、衣着打扮，庄重得体以作为下属的榜样。只有严格律己，才能赢得员工由衷的敬畏，从而树立自己的威信，产生强大的向心力，保证团队高效运作。我们监理在现场对于施工方来说算是"管理者"，我们的人品应当令其佩服，技术水平令其信服，工作方法和对事物的处理让其心服口服。

做到孔子所说的五美，是指导监理的一个好的方略。但要成为优秀的监理人还要摒弃一些不好的毛病，这就是孔子的"摒四恶"。孔子的摒四恶其实是管理中如何处理制度和企业文化作用的问题。

"不教而杀"意思是管理者要对员工加以教育引导，避免员工犯错误，而不要一味地用规章制度惩处员工。如果一味地处罚员工，员工就会与管理者离心离德，管理者就会失去民心。管理者在企业管理中一定要靠企业文化的软实力去管理员工，要把企业文化与制度的作用和关系理清楚，搞明白。我们在项目监理过程中也应该摒弃"不教而杀"的陋习，做到"监帮结合"。"不戒视成"是告诫管理者要注意过程监督，要有规范的制度去考核和约束员工。不要事先、事中没有监督和指导而只要结果，这很容易导致失败的结果。孔子在2500多年前就告诉人们"事先控制、事中控制"的重要性了。"慢令致期"告诫管理者要有一个宽严相济的常态管理机制。不要朝令夕改，平时对员工要求不严格，又突然要求人家如期完成任务，这不是一个优秀管理者应有的作风。"出纳之吝"意思是管理者一定要有胸怀和魄力，格局决定布局，视野决定高度。在制定企业战略时一定要高屋建瓴，不要像个小管家、小管账一样，小气吝啬，那样企业不可能发展和壮大。我们监理行业、企业、人员最需要摒弃的四恶之首应该是"出纳之吝"。

"尊五美，摒四恶"虽然论述的是执政方略，是孔子哲学思想的精髓，是儒家治国平天下的方法论，但是对现代管理，尤其是对我们监理行业、企业、人员有着十分深刻的借鉴意义。如果我们监理行业的领导者真正领会和能做到"尊五美，摒四恶"，并作为管理行业企业从业人员的行为指导，那么我们的监理工作就会达到游刃有余的境界，我们的监理事业就会蒸蒸日上，工程建设才会因为有我们监理而精彩。

监理工作的核心要义——程序管理

西安铁一院工程咨询监理有限责任公司　楼轩

摘　要： 每一种工作都由两部分组成，一是具体的工作内容，二是完成工作内容需要的程序。监理工作也同样如此。但在监理工作的实际中，很多监理人员往往却忽视了监理工作的程序，认为只要在监理过程中工程实体不出现问题，安全质量有保证，监理的工作就没有问题了。这与监理人员对监理工作的本质认识不到位有关，也影响监理工作的提升和发展。该文针对当前监理工作中大量的因为程序引起的各种问题，进行了研究和探讨，并就监理工作的核心要义提出了自己的观点，意在充分引起监理从业人员的高度重视。

关键词： 监理　程序　管理

什么是监理？监理是干什么工作的？只要学过监理理论的人似乎都能回答一二。但本人在监理公司从事人力资源招聘工作中和在项目上从事现场监理工作过程中，发现很多监理人员并不能很好地回答这个问题，在实际监理工作中，也常常不能在监理工作中正确理解这个问题。从而给我们的监理工作带来不少的困惑。本文将就此问题做一个探讨。

一、监理的概念

1.什么是监理

根据一般意义上理解，是指有关监理人员根据一定的行为准则对某些行为进行监督管理，使这些行为符合相关准则的要求，并协助行为主体实现其行为目的。

2.什么是建设工程监理

工程监理单位受建设单位委托，根据法律法规、工程建设标准、勘察设计文件及合同，在施工阶段对建设工程质量、造价、进度进行控制，对合同、信息进行管理，对工程建设相关方的关系进行协调，并履行建设工程安全生产管理法定职责的服务活动[1]。

二、关于监理工作的内容和方法

1.监理工作的主要内容

根据上述监理的概念，我们可以很清楚地得出监理工作的内容，概括地说就是"三控、两管、一协调"，既质量控制、进度控制、投资控制，信息管理、合同管理，协调参建各方的关系等。再加上"履行安全生产管理的法定职责"。

2.监理工作的方法

根据监理规范的规定，监理工作的方法主要有工序报验、旁站、巡视检查、工地例会、开工报告审批、施工组织审查、施工方案审查、变更设计审查、验工计价审核，原材料和机械设备进场验收、试验检测，分部分项工程验收，竣工资料的审核、竣工决算的审核，等等。

三、监理工作存在的问题及原因

1.监理工作存在的问题

既然监理的工作内容和工作方法

都有了，但在监理的实际工作中，还是有很多的监理人员不知道怎样开展监理工作。遇到施工过程中出现的问题，不会处理或处理不好，常见的错误有：一是工序报验未按规定程序进行；二是施工中没有方案或虽有方案但不按方案施工；三是发现问题不能及时通过程序去纠正解决，而注重技术工艺解决；四是监理签字时没有按规定流程进行等。

2.问题产生的根源

（1）思想认识误区。

长期以来，我国不论是行政活动还是司法活动，都存在"重实体、轻程序"的思想。在理论上相对地忽略或轻视了对程序的研究和尊重；实践中也更多地表现出了对程序的轻慢和忽视；在社会价值观体系中表现出对实用主义的推崇，其结果是把程序及程序规则视为"形式主义"和"教条"而予以蔑视[2]。这些认识极大地影响着人们的社会活动，也同样影响着工程建设过程中的施工、监理行为。如：基坑开挖，施工单位急于施工，在没有开挖方案或开挖方案还未经监理审批就开始施工，认为只要在施工过程中按以往的类似做法作业，就不会有问题。现场监理虽然提出异议，但受重实体，轻程序的思想影响，也会放任施工单位的做法。

（2）技术思维习惯。

监理人员是技术应用性专门人才，每个人都有自己所学的专业。很多监理人员在从事监理工作前都在相关单位从事技术工作，这些技术人员转到监理行业后，身份由技术干部变为管理干部，工作性质从原来研究解决技术为主，变成对工程建设各参建方行为的管理为主。由于技术思维的惯性

使然，当遇到工程建设过程出现问题时，首先想到的怎么样从技术角度解决问题，而不是从程序上解决问题。如：铁塔基础预埋螺栓在混凝土浇筑后出现尺寸误差超标，监理没有提出程序上要求，而是越俎代庖，去帮施工单位研究技术解决方案。

3.问题产生的后果

上述问题的产生直接导致了两大后果：一是监理工作的合法性受到质疑；二是现场一旦出现安全质量问题后责任不清。为什么会出现这种情况呢？是因为部分监理人员在履行监理职责时，没有正确地理解实体与程序的关系，或者说没有正确理解程序管理在监理工作中的重要意义。这种"重实体轻程序"的观念认识，极大地束缚了监理工作质量水平提升，障碍监理事业的发展和进步，因而必须要予以高度检视。

四、程序管理——监理工作的核心要义

1.监理是管程序的

通过监理工作的概念和内容，我们清楚地看到：监理工作是管理工作。

既然是管理工作，作为监理我们就面临"管什么，怎么管"的问题。管什么在前文监理工作内容中已很明确做了规定，怎么管就成了实现监理工作任务的重要课题。正是怎么管没有很好地解决，才出现了上述存在那么多问题。个人认为要做好监理工作，首先要管好程序。如果用一句话来回答本文开头提出的"什么是监理？监理是干什么工作的？"那就是——监理工作是管程序的。程序管理是监理工作的核心要义。

2.程序在监理管理中的作用和意义

所有的工程监理工作都是由两大部分组成：实体与程序。拿施工监理来说，前者指设计图纸、验收标准、工艺工法等；后者指监理规范、监理细则、验收标准中规定的验收流程等。

前者通过现场的施工作业把设计图纸变成实体成品，后者通过施工监理的管理程序，保证施工作业满足工程项目的安全质量要求。因此程序在监理工作中的作用主要在于通过一定的规则、方式和流程来实现监理的权利和行使职权，使得在工程施工过程中对施工行为进行监督和管理。如果程序一旦遭到破坏，

现场施工作业就会出现失控。正是因为程序的重要性，各行业监理规范都规定了大量的监理工作程序，而这也正是监理制度存在的意义。

3. 程序是监理工作合法性的体现

为什么监理可以对施工单位进行监督管理？除了监理单位与建设单位签订监理合同外，《铁路建设监理规范》规定："建设单位应将委托监理合同的相关授权书面通知承包单位"[3]、由建设单位召开第一次工地例会"建设单位宣布总监理工程师、承包单位项目经理及有关事项"[4]。"总监理工程师应组织专业监理工程师审查工程承包单位报送的《施工组织设计（方案）报审表》，提出审查意见后报建设单位》"[5]等，这些规定就是程序。从工程开工前监理工作、安全生产监理工作、工程质量控制、工程进度控制、工程投资控制等都在监理规范中规定了相应的程序。如果在监理工作中没有执行这些程序，监理工作就没有合法性。因此，程序是监理工作合法性的体现。

4. 程序是工程实体质量和安全生产的保障

所有的建设工程，都是通过一定的建设程序来实现的，大到项目的审批，小到工序的报验。在项目建设管理过程中，要完成安全生产和达到质量目标，就必须通过有效的程序来进行。如施工过程中的隐蔽工程检查，"监理工程师对检查合格的工序予以现场签认，并准许承包单位进行下一道工序施工"[6]。施工单位如果未经监理报验，就擅自进行隐蔽工程施工，就违反了监理报验程序，监理有权要求对已隐蔽的工程进行破解验证或返工处理，从而保障工程实体质量的合格。又如现浇梁施工，施工单位上报的脚手架搭设方案，必须经监理审查，审查其方案有无违反国家强制性规定，脚手架搭设基础是否满足承载力要求等，从而保证施工过程中的生产安全。这里的隐蔽工程"检查"和脚手架方案的"审查"就是程序。因此我们说：程序是正确落实施工作业质量和安全的保障。

5. 程序是监理工作责任划分的依据

有权利就有义务，有职责就有责任。当工程建设活动中出现问题时，特别是出现安全质量事故时，就要追查问题产生的责任。在实践当中，责任的划分调查首先就是从程序上查起。谁违反了程序规定，谁没有做到履行程序要求，谁就要承担主要责任。如施工单位在没有安全方案的情况下开展施工，监理就要承担主要责任；施工单位有经过监理批准的施工方案，但没有按施工方案施工，施工单位就要负主要责任。又如施工过程中的工序报验，施工单位没有向监理进行报验，就擅自进入下道工序施工而出现质量问题，施工单位负全部责任；施工单位向监理进行了报验，监理也进行了现场确认，或监理没有到现场进行确认，而同意进入下道工序施工，若出现质量问题，监理就要与施工单位一起承担责任。因此程序是监理工作责任划分的重要依据，认真执行相关工程建设程序，也是监理人员在监理工作中自我保护的重要环节。

五、监理程序的分类和正确应用

所谓的监理程序是指监理工作中要执行的程序，涉及的种类很多，下面对监理程序进行大致分类，总结应用中注意的事项。

1. 设计文件规定的程序

设计单位在设计图纸和其他设计文件（设计技术交底、设计说明、设计答疑、设计变更等）中，对一些重要工艺工法、重要工序，规定相应的作业程序。如隧道施工中，对不良地质规定开挖前要进行超前地质预报，不同的地质围岩

规定不同的预报方法；基础开挖后，对基坑要求开展承载力试验，合格后方可进入下道工序施工；不符合承载力要求，设计单位要到现场进行验基等。设计图纸和设计文件是监理工作首要遵守的依据。执行设计程序时应注意：

（1）设计文件中的程序是建设工程的经验总结，一般情况下必须执行。如果在实施过程中确实作业困难或有更好的方法，需要改变时，必须要经过设计单位同意，办理相应手续。

（2）当设计文件要求与验收标准有差异时，应以标准高者为依据[7]。

2. 规范规定的程序

这里的规范主要是指国标《建设工程监理规范》、铁标《铁路建设工程监理规范》及建设工程的各行业的质量验收标准，如铁路工程的《高速铁路工程施工质量验收标准》《铁路工程施工安全技术规程》等。监理规范的内容是以程序为主，监理必须认真执行。而验收标准，拿高速铁路验收标准来说，则对工程施工质量验收的单元划分、组织程序、实施方法和工作内容进行了规定，对检验项目、质量指标和检验方法进行了规定。它既有施工单位施工作业的程序，也有监理工作的检查程序，是监理工作的重要依据。在监理工作实践过程中需要注意的几点：

（1）在执行监理规范规定的程序时，有的岗位应履行的程序是不能委托的别人进行的，如总监理工程师职责中的主持编写项目规划、审批项目监理实施细则，签发工程停工、复工令等[8]；专业监理工程师与监理员之间的职责等。

（2）验收标准中主控项目都规定了检验数量和检验方法，监理检验要特别注意与施工单位检验不一致的地方，检验数量可能是施工单位全检，监理单位只按一定的百分比进行检验，如路基CFG桩施工，每根桩的投料量不应少于设计灌注量，施工单位全部检验，监理单位按施工单位检验数量的20%平行检验[9]；检验方法如桥台锥体填筑密实度检验，施工单位进行仪器检查，监理单位检查检验报告。[10]

（3）验收标准中规定的监理见证检验、平行检验和旁站程序，要做好划分。特别是见证检验与旁站，都是监理到现场进行监督活动，往往容易混淆，建设单位也在对监理工作的要求中常常分辨不清，应该见证的要求监理进行旁站。前者主要是监理单位对施工单位材料取样、送样、检验或某项检测、试验过程进行的监督活动；后者是在工程的关键工序施工过程中，由监理人员在现场进行的监督活动。[11]

3. 监理实施细则和相关监理管理办法规定的程序

（1）监理实施细则是根据监理规划，由专业监理工程师编写，并经总监理工程师审批的，针对工程项目中某一专业或某一方面监理工作的操作性文件。它根据施工图纸和验收标准的要求，结合本项目的特点、施工工艺的不同等，对监理工作的程序进行了细化，用于指导监理人员开展好监理工作。如高速铁路无砟轨道施工，过去采用工具轨方法，沪昆客运专线云南段，建设单位要求统一采用轨排法施工。由于施工工艺发生了变化，监理卡控要点相应要变化，这种变化就需要在监理细则中根据作业流程，细化监理卡控程序。再比如，验收标准规定了监理要对进场材料进行平行

检验，监理内部谁来检，怎么检？也要通过监理细则进行程序上的细化。

（2）监理管理办法是指项目监理机构制定的用于本项目的管理办法。由于监理工作的管理性质，管理办法多为程序管理内容。如工地例会召开规定，规定会议时间、流程；沪昆客运专线云南段监理项目部就根据该项目的管理特点和要求制定了相关办法，如《监理专项施工方案审核指南》规定了方案审查的内容、层级、批准签字的权限等；《监理试验工作接口管理规定》规定了监理试验室与施工单位试验室的关系，监理试验室与现场监理的职责与分工等；《物资管理监理工作办法》规定了建设单位甲供材料与施工单位自购材料的验收程序和要求等。因此，监理程序的制定，要满足项目的特点。

（3）在细化监理工作程序时，不得降低标准。比如工程施工质量验收标准规定，检验批、分项工程、分部工程应由监理工程师组织施工单位进行验收。由于以往的项目，分项分部工程侧重于资料验收，且验收都放在了竣工时进行。我们根据沪昆客专云南段建设单位的要求，采用资料和实体同步进行验收、单位工程提前验收的方法。为了提高验收质量、统一验收标准，监理项目部制订了《分部分项工程验收监理细则》，把分部分项工程验收提到监理组，由监理组长负责组织验收，提高了验收层级。

4. 施工作业指导书或施工方案规定的程序

作业指导书和施工方案一经监理或建设单位审查批准，也是监理履行监理职责的依据。

（1）施工作业指导书或施工方案，既规定了相关的施工工艺，也规定了作

业流程。违反规定程序，就会影响安全生产，存在质量隐患。如深基坑的开挖方案，方案中要求先打钢板桩，后进行开挖，这个顺序就是作业流程，也就是一个施工程序，不得反向施工；又如路堑开挖作业：开挖前应先做好引、截、排水和防渗设施。开挖应自上而下进行，严禁掏底开挖。路堑施工应分段分层开挖、支护，作业面应相互错开，严禁上下重叠作业[12]。这些作业程序的规定经过作业指导书和方案细化明确，经监理审批后，既是施工单位施工作业的依据，也是监理现场监督控制的依据。

（2）在施工作业指导书中，规定了工序验收中，施工单位自控的"三检"制度，监理在履行职责过程中，必须要在施工单位完成自检合格的基础上，进行监理验收。这既是施工单位作为安全质量主体责任的职责，也是防止未经施工单位自检，直接向监理报检不通过时，产生作业队伍与监理之间的矛盾。

5. 建设单位相关管理规定的程序

（1）建设单位在对建设工程的管理过程中会制定许多的程序文件，特别是

铁路行业的建设工程项目，建设单位对项目管理严格、细致。沪昆客运专线云南段建设单位除制定了常用的管理办法外，还规定了许多具体的管理办法和程序，如制定的《单位工程（单体工程）开工条件及检查验收标准》中，根据云南地质情况，特别规定临时设施在选址过程中要避开重大地质灾害风险源，要上报《大临工程规划选址意见书》，连同平面规划布置图，报监理单位审核，由建设单位审批后实施的要求。该程序保证了该项目从开工以来到现在五年多，在云南地质灾害频发情况下，没有发生一起因地质灾害而引发的事故。

（2）注意建设单位制订的管理程序文件与设计文件、规范标准的一致性。

六、结束语

用一个案例作为结束语。

前文提到"铁塔基础预埋螺栓在混凝土浇筑后出现尺寸误差超标"案例，该问题正确处理程序应该是，现场监理用监理工程师通知单形式，要求：施工

单位在规定时间内进行返工处理；处理前编制缺陷处理方案，并经监理批准后方可实施；实施过程中，混凝土浇筑前向监理进行报检，合格后方可进入下道工序；施工完成后由施工单位在自检基础上向监理申请复检。

参考文献

[1] 住房和城乡建设部颁布的GB/T 50319—2013建设工程监理规范第2.0.2条。
[2] 黄捷.程序法再论[J].城市学刊2002年第2期.湖南城市学院。
[3] 铁道部颁布的TB 10402—2007铁路建设工程监理规范第1.0.3条。
[4] 铁道部颁布的TB 10402—2007铁路建设工程监理规范第12.1.1条、12.1.2条。
[5] 铁道部颁布的TB 10402—2007铁路建设工程监理规范第4.0.6条。
[6] 铁道部颁布的TB 10402—2007客运专线铁路桥涵施工质量验收暂行标准, 前言。
[7] 铁道部颁布的铁建设[2005]160号铁路建设工程监理规范第5.3.10条。
[8] 铁道部颁布的TB 10402—2007铁路建设工程监理规范第3.3.3条。
[9] 铁道部颁布的TB 10751—2010高速铁路路基工程施工质量验收标准第4.14.9条。
[10] 铁道部颁布的TB 10752—2010高速铁路桥涵工程施工质量验收标准第7.3.3条。
[11] 铁道部颁布的TB 10752—2010高速铁路桥涵工程施工质量验收标准第2.0.7条、2.0.9条。
[12] 铁道部颁布的TB 10302—2009铁路路基工程施工安全技术规程第5.1.5条、5.2.1条、5.2.2条。

新形势下如何发挥监理在工程中的作用

华春建设项目管理有限责任公司　解立新　吝红育

改革开放经过三十多年的发展，国民经济各个领域都取得了长足的发展，尤其是建筑业和房地产业甚至出现了生产过剩的趋势。国家提出创新发展和绿色发展的理念，意味着建筑业必须加快改变粗放型发展模式，向生产方式"绿色化"转变，在建筑的全寿命周期内最大限度地节约资源、保护环境与自然和谐共生。这样对广大工程监理从业人员提出了更高的要求，工程监理人员只有与时俱进，才能适应日趋激烈的市场竞争。

一、以往人们对监理的认识误区

监理企业的职责原本概括为"三控，两管，一协调"，外加"履行安全管理法定职责"，但由于种种原因，不同的工程参与主体对投资、进度、质量等职能有着不同的理解，以致工程建设单位和施工单位双方都对监理单位有意见。建设单位认为监理管理不善，对施工单位缺乏有效的管理，将工期滞后的责任简单归咎于监理；施工单位质量"三检制"形同虚设，只要监理不提异议，施工人员则得过且过，将质量最终检查的责任完全推给监理，只要监理没意见，他们就不修改，监理人员变成了施工单位的质量员。甚至有些建设单位

认为，监理就是橡皮图章，聘请监理纯粹是为了满足国家要求，为了在工程资料上签字盖章。在日常工作中，完全不尊重监理，监理形同虚设，不能发挥监理的作用。究其原因，可能有以下几方面原因：

1. 建设单位原因

建设单位仅仅将"三控"中的质量和进度委托给监理，监理没有财权。在合同管理中，经济措施往往所起的作用是最有效、最直接的。试想，监理单位如果只强调工程质量、强调施工进度，而对施工单位关切的经济问题要么避而不谈、要么无能为力，如何有效地进行管理？在施工过程中，有些建设单位对监理的工作干预较多，甚至不通过监理直接给施工单位下达指令，造成令出多头，监理被架空，造成极其不良的后果。从理论上讲，监理单位总监理工程师是代表建设单位对工程进行全面管理，建设单位的所有意见和决策都应通过监理去实施。

2. 监理单位原因

监理单位也可能没有充分利用经济手段，强化对质量、进度、投资的管理。在工程计量、材料认质认价、检查验收、变更签证以及进度款支付等活动中，树立监理科学、公平、独立、诚信的形象，赢得建设单位和施工单位的信任。要做

到维护建设单位利益，同时不能损害施工单位的利益。这就对监理单位的人员素质提出了较高的要求。

3. 监理服务费减少，造成工程监理缺乏高素质的人才

我国实行监理制以来，对监理费的支付呈逐年下降的趋势，过低的监理费对工程监理行业的发展和监理人员素质的提高造成了阻碍，致使高学历、高职称、高水平的管理人才不愿从事这个行业。另一方面，由于大量的建设项目，导致专业监理人员的数量和质量不能满足监理工作的需要，使各监理企业只能大量聘用退休人员甚至非工程专业的人员来充当管理人员，因此使监理人员的结构不合理，素质降低。

二、新形势下工程监理的内涵

从工程实施的阶段来看，工程监理主要针对工程施工阶段；对勘察、设计阶段的服务和对工程保修阶段的服务都属于工程项目管理相关服务。在订立监理服务合同时，建设单位将设计、保修阶段等相关服务一并委托的，应在合同中明确相关服务的工作范围、内容、服务期限和酬金等相关条款。

从资质方面来看，工程监理单位是指依法成立并取得建设主管部门颁发的工程监理企业资质证书，从事建设工程监理与相关服务活动的服务机构。总监理工程师必须具有注册监理工程师执业资格证书。

从业务承担方面来看，建设工程监理单位受建设单位委托，根据法律法规、工程建设标准、勘察设计文件及合同，在施工阶段对建设工程质量、造价、进度进行控制，对合同、信息进行管理，对工程建设相关方的关系进行协调，并履行建设工程安全生产管理法定职责的服务活动。

从监理人员职责来看，总监理工程师是由监理单位法定代表人书面授权，全面负责监理合同的履行。主持项目监理机构工作的监理工程师，对内向监理单位负责，对外向业主负责。专业监理工程师负责实施某一专业或某一方面的监理工作，具有相应监理文件签发权的监理工程师。

从工程监理和项目管理的区别来看，工程监理的范围比项目管理要小得多。工程监理定位于工程施工阶段；而工程项目管理服务可以覆盖项目策划决策、建设实施（设计、施工）的全过程。从服务性质来看，工程监理是一种强制实施的制度；而工程项目管理服务属于委托性质。从服务的侧重点来看，工程监理单位的中心任务是目标控制（三控、两管、一协调，外加履行安全法定职责）；而工程项目管理单位受建设单位委托，在项目策划决策阶段为建设单位提供专业化的项目管理服务，更能体现项目策划的重要性，更有利于实现工程项目价值的全寿命期、全过程管理。

简单地说，工程监理就是监理公司受建设单位委托对工程施工阶段进行的日常监理工作。确保施工单位按照合同、

图纸、施工质量验收规范及相关法律法规进行施工。而建设工程项目管理涵盖决策、实施、使用、保修阶段，是项目的全寿命管理，其核心是使项目建设增值和使项目使用增值。

三、新时期如何做好监理工作

1. 控制监理从业人员的素质

工程监理是高质量的智力劳动，这样就对监理从业人员提出了更高的要求。监理人员不但要有工程监理方面的专业知识，更需要有丰富扎实的专业基础理论，也就是要有覆盖土建、水、暖、电各专业和工程管理（包括合同、招投标）、工程造价等方面的知识结构。只有将技术与经济相结合才能更好地控制投资；将技术与工程管理相结合，才能更好地运用价值工程理论，对工程质量、进度进行高效的管理；加强技术方面的能力，更能体现监理服务的科学性。

2. 工程监理应该坚持的原则

建设工程监理的性质可概括为服务性、科学性、独立性和公平性四个方面，因此应坚持公正、独立、自主的原则，坚持权责一致的原则，坚持总监理工程师负责制的原则，坚持严格监理、热情服务的原则，坚持提高项目综合效益的原则。

3. 新形势及时掌握新技术，更好地服务于工程监理工作

十二届全国人大三次会议上，李克强总理在政府工作报告中首次提出"互联网＋"行动计划，代表着一种新的经济状态，即发挥互联网在生产要素配置中的优化和集成作用，将互联网的创新成果深度融合于经济社会各领域中，提出实体经济的创新力和生产力，

形成更广泛的以互联网为基础设施和实现工具的经济发展新形态。工程监理工作要紧跟时代步伐，适应新常态的发展需要，掌握新技术，更好地服务于工程监理工作。

目前BIM技术（建筑信息模型）蓬勃发展，该技术以工程项目的相关信息数据作为基础，进行建筑模型的建立，通过数字信息仿真模拟建筑物所具有的真实信息。它具有可视化、协调性、模拟性、优化性和可出图性等特点，能及时进行设计优化、预留预埋模拟、管线碰撞检查、设备模拟布置、实现三维漫游显示等。当前BIM技术在工程建设领域已经得到广泛应用。监理工程师应积极掌握BIM技术，利用BIM技术的强大功能，更好地服务于工程项目。应用"互联网＋"技术，构建工程参与各方横向沟通的平台，在互联网平台协同工作，更好地服务于工程监理工作。

四、结语

在国民经济新形势新常态下，传统的监理业务可能会逐渐萎缩，但向业主提供高质量的全过程的项目管理服务会有广阔的发展空间。作为从业者，要开阔视野，放眼"一带一路"的新形势，不断提高业务知识，工程监理决不是橡皮图章，工程监理要为工程项目提供专家性质的服务。

参考文献

[1] 傅振邦,寇日明．工程建设监理的定位与组织模式探讨[J].中国三峡建设，2003(01)．

[2] 李晓琴,张文渊．用管理科学理论指导和促进工程监理事业的发展[J].西北水电，2003(03)．

[3] 朱千鸿,陶晓东．浅谈建设监理项目的目标管理[J].水利建设与管理，2003(03)．

[4] 王家鼎．工程监理的理论分析与实践研究[D].西安建筑科技大学，2007．

城市综合体项目的管理控制要点

安徽省建设监理有限公司　李芳斌

随着国民经济的快速发展，工程新技术、新工艺的不断涌现，以城市综合体为代表的大型及特大型工程项目日益增多，这就为广大工程项目管理人员提出了一个崭新的课题。城市综合体已基本成为中国商业地产发展的主流模式，不仅在北上广这样的一线城市取得了骄人的成绩，形成了相对成熟的市场格局，还逐渐将其优势扩展到了二三线城市中间。城市综合体凭借其集聚人气，活跃商业的集群优势，不仅带动了区域性的经济发展，而且给城市形象增添了光彩，也增加了城市竞争力。大型城市综合体项目的管理与控制问题，与一般工程相比有其自身的特点，规模大、技术复杂、涉及的专业多，突出表现在：

1. 一般都是高层和超高层建筑物，结构形式以框剪结构、剪力墙结构、筒体结构、钢结构为主，结构安全和使用功能保证难度大。

2. 建筑规模大，动辄几十万平方米、甚至上百万平方米，施工过程中的不可控因素多。

3. 牵涉的专业工程类别多，土建、电气、给排水、暖通、电梯、智能建筑等多专业的协调配合、交叉作业多，现场管理难度大。

因此，以城市综合体为代表的大型工程项目管理工作成为摆在广大工程项目管理人员面前的一个全新课题。笔者以近年来监理的城市综合体项目，谈谈切身的体会。

一、项目概述

合肥新地中心项目总占地面积约94.2亩，地上地下总建筑面积为60万m^2。其中住宅楼共五栋超高层，三栋超高层写字楼以及商业。集合了大型主力商业、办公、居住、精品超市、电影院、娱乐、休闲、餐饮等多种业态。其中超甲级5A写字楼高约240m，与广电中心主楼（高约240m）如双龙起舞，俯视天鹅湖，遥望合肥市政府办公中心，在政务区首开"安徽之门，梦想之都"的城市建筑奇观。公司负责商业和办公区域的监理工作，总建筑面积约为40万m^2，共包括地上6#、7#、8#、10#办公楼及地下室三层建筑，8#楼为框架结构，7#及10#楼为核心筒结构，6#楼为剪力墙结构。

二、监理应做好施工准备阶段的计划预控工作

1. 在有条件的情况下协助业主进行施工单位的招标工作，为业主择优选综合技术能力强、信誉良好、有类似工程施工经验、报价合理的施工单位提供建议。如果总包单位事先已由业主确定，则监理单位应重点审查施工单位的技术力量（特别是拟派驻现场的项目经理部主要管理人员情况）、管理水平、类似工程的业绩、市场信誉等情况，为项目的顺利实施奠定一个良好的基础。

2. 结合项目特点，编制监理规划和各专业的监理实施细则，应结合工程项目的专业特点，做到详细、具体、具有针对性和可操作性。

3. 根据监理规范的要求和工程关键部位、关键工序制订旁站监理方案，列出需要旁站监理的分部分项工程名称，提前24小时书面通知施工企业派驻工地的项目经理部。

4. 认真审查施工图纸是做好监理工作的重要环节。无论是监理单位，还是施工单位，都必须严格按图纸内容的要求进行。梳理出项目施工中的难点和重点，作为监控的重点。对技术复杂、质量保证难度大、安全危险性大的分部分

项工程应督促施工单位编制专项施工方案和作业指导书并进行审查，必要的时候应按照相关要求组织专家论证会议。

5.做好各专业分包单位（包括业主指定分包单位）进场施工前的资质审查认可工作，对不合格的分包单位不予认可，如果是业主指定分包单位，则应与业主及时沟通、说明理由，取得业主的理解和支持。

6.收集与项目有关的各种前期资料（如经批准的项目相关文件、地质勘察报告、施工合同、监理合同、国家及当地主管部门颁布的建筑法律法规条文等），为项目监理工作提供充足的依据。

三、加强施工过程中的管理和控制

1.做好人员的管理，人是质量目标管理的主要实施者，也是最重要的实施因素，企业当中的所有的管理活动都是通过人实施和完成的，可见人的要素在质量目标管理当中的作用，企业在质量目标管理当中必须先做好人的管理。

2.材料是确保工程实体质量的关键环节，城市综合体项目使用的材料和设备多，必须在严把材料进场验收关的基础上建立健全材料设备台账，区分不同材料设备在台账上及时登记备案，方便监理工程师掌握进场材料质量情况，不易遗漏。

3.对施工过程中发现的质量缺陷和安全隐患，监理工程师可以通过编制质量安全问题销项清单表格的形式，将单体名称、问题部位、整改要求、指定的

整改责任人、整改时间等信息填报在销项清单表格内，然后与监理工程师通知单一起下发施工单位督促其限期整改。

4.召开监理例会和各种专题会时，将现场采集的质量、安全、进度照片利用放映设备进行播放可以增强问题的说服力，改变单纯用口头说明问题的缺点，可以对施工单位起到警示、督促其改正的作用。

5.项目规模大，专业分包单位多，交叉施工情况多，为防止因争抢作业面产生矛盾和施工降效问题，监理部应充分调动总包单位的积极性，由总包单位统筹合理安排施工顺序并充分利用工地协调会的时机加强各施工单位的沟通协调，确保施工连续、顺畅。

6.建立健全收发文制度，因为该类项目参建单位众多，各方来往信函、工作联系单、设计变更图纸等文件多，接收时应及时登记，署上时间和接收人，一旦涉及各方索赔时，这些文书将成为有力证据。

四、竣工验收阶段的控制

1.竣工验收作为项目交付使用前的最后一道手续必须严格把关，首先施工单位应自检，自检合格后向监理单位提出初步验收申请并提交竣工验收资料，然后由总监组织各专业监理工程师根据设计图纸、规范、强制性标准条文对已完工程的实体质量进行初步验收，审查竣工验收资料。具备条件后，总监理工程师与建设单位协商共同确定现场预验收的时间、地点、程序、预验收小组成

员及分工等相关事宜，书面或口头通知参加预验收的各方（勘察、设计单位由建设单位通知）。

2.对已完工程进行工程质量评估，及时提供分部、单位工程质量评估报告。工程质量评估报告是监理单位提交给建设单位的重要归档资料之一，该报告证明了施工方已完成施工合同约定的全部内容，工程质量符合《建设工程施工质量验收统一标准》，工程预验收合格，具备竣工验收条件，提请建设单位组织竣工验收。

3.全面检查工程质量，并对工程施工质量提出评估意见，协助业主组织项目竣工验收工作。

4.项目全部完成后，一是向业主提出监理工作总结，其内容包括监理委托合同履行概况；监理任务或监理目标完成评估；由业主提供监理活动办公用房和用品、试验设备等清单，监理工作总结的说明等。二是监理内部提交工作总结，主要是监理工作经验，可以是某种监理技术、方法的经验；采用某种经济措施、组织措施的经验；也可以是如何处理好业主、设计、承包单位关系的经验，分析整个监理工作的得与失。

五、结束语

综上所述，城市综合体工作是一项庞大的系统工程，有效的监理工作是工程顺利实现各项目标的前提保证，同时监理人员业务素质的高低直接影响工程质量以及业主的投资效益，在项目管理过程中也要关注。

浅析监理资质升级资料的几个常见问题

武汉市建筑工程质量监督站　卢一凡
武汉天晔空间设计有限公司　卢　昱

摘　要： 分析监理企业资质升级申报资料的几个常见问题，结合国家的政策法规，为评审意见解释法理依据，揭示一些资料中易出现的错误，并提出相应的建议，供迫切需要了解有关要求的人和单位参考。

关键词： 工程监理　资质管理　评审　业绩分类分级

一、引言

监理企业的资质决定其能够承监的工程等级，如获取某类工程专业的甲级资质，意味着其监理此类工程再无等级上限约束。国家住建部将监理企业甲级资质的评审工作，交由部属的专业处室组织，复审时还要求资质和监理两部门共同会审，可见国家给予资质管理工作的重视。既然是评审，总有可能遭遇"不同意"，特别是那些屡次申请，却屡屡不获"同意"的企业，都希望能破解迷局。本文将依据实际案例，分析几个常见问题，力求向有关企业和一些关注评审工作的有心人，解释其中原因。

二、案例来源及特点

在查阅住建部网站历次资质评审会公示、公布信息的基础上，重点研究住建部 2015 年 3 月 19 日网上发布的《关于建设工程企业资质审查意见的公示》（建办受理函 [2015]11 号）"工程监理企业资质升级评审意见汇总表"中意见（简称公示信息）和相应的公布信息，针对该公示信息 231 项申请总数中的 116 项"不同意"申请，筛选出经同年 5 月复审仍"不同意"（简称终未通过）的 64 项申请，发现其中有规律的"不同意"意见是注册人员数量不达标和业绩分类、分级不正确等，认清这些有问题的申请资料，可显著提高申报工作的成功率和评审工作效率。

三、注册人员数量不达标

除去"重复注册"的情况，该公示信息中因注册人员数量不达标的有 9 项，在 64 项中仅占 14%，但代表性较强，集中了"各类注册人员数量不达标"[1] [2]及"未将造价工程师从监理工程师里扣除"两类问题的各种表现形式，不满足"工程监理企业资质管理规定"（中华人民共和国建设部令第 158 号，简称"部令"）的有关要求。本文将要求归纳为：①造价工程师两名以上；②已有、申请升级的资质专业监理工程师人员数量均要达到相应数量要求；③所有建设类注册人员 25 以上人次；④一个注册人员不能同时算作造价工程师和监理工程师两个人数（简称扣除）。

1. 缺造价工程师

公示信息中评语"未申报注册造价工程师，注册造价工程师人数不达标，不予认定"可能预示着两种情况：企业没有造价工程师上报；有造价工程师而未上报。两种情况都不会经复审"同意"，因为复审不接受重新上报的注册人员。

2. 已有专业资质差人

同样的"已有水利水电工程监理乙级注册监理工程师人数不达标"评语，用以否定同一省份两家企业的申请，是由于其违反了"工程监理企业资质管理规定实施意见"（建市 [2007]190 号，简称"实施意见"）的第（四）条。许多评审人员认为这是蓄意行为——在申请到一项专业资质后，随即拆东墙补西墙，给已有专业的监理工程师变专业，以满足升级专业资质的人数需求。

3. 升级专业资质差人

"注册监理工程师某某某、某某某、某某某非申报企业注册人员，扣除后，某某专业注册监理工程师人数不达标"一语定音，企业的申请遭到否决。这种情况可能出在转入的注册人员手续未完之时，企业先将申请资料上报；若能在复审之前完善转入手续，企业仍可资质升甲。但终未通过的结果表明，企业确有拿其他企业注册人员凑数的不诚信行为。

4. 一般注册人员未扣除

评语"扣除 2 名注册造价工程师后，已有房屋建筑工程专业注册监理工程师人数不达标"和"扣除 2 名注册造价工程师后，市政专业注册监理人员人数不达标"指企业的已有或升甲专业资质，未能具备（扣除造价工程师人数后）的规定监理工程师人数。据企业反映，"部令"、"实施意见"均未明确解释"人数"的概念，很难将人数达标问题与"扣除"的认定方法结合起来，而要人数达标，企业又要多花钱请人"挂证"[3]，故往往要在品尝一次申报失败的教训后，才能重视这类问题。

5. 技术负责人未扣除

"部令"第七条对甲级监理资质明确要求"企业技术负责人应为注册监理工程师"，也被理解为技术负责人不能算作造价工程师人数。评语"扣除技术负责人，注册造价工程师仅 1 人，注册造价工程师人数不达标"指企业只有两名造价工程师，且其中之一是（不能算作造价工程师人数的）技术负责人，仍认定其注册造价

工程师人数不达标。在 2016 年 4 月 21 日的公示信息中，又出现了类似的评语。

四、业绩的分类分级失误

1. 工程分类错误

评语"业绩'抚顺石化公司 2 万吨/年 BOPP 改造工程'非机电安装工程"指企业将化工石油工程业绩错报为机电安装工程业绩。该评审会共受理 6 项机电安装工程资质升甲的申请，终未通过的就达 4 项，"同意"率竟低于 35%，而且历次评审会的"公示信息"上几乎都有该类业绩错报的情况。鉴于许多工程都有"安装"分部的现状，"部令"将机电安装工程限制为：① "安装"的对象应是生产设施，如机加工车间、食品生产线等，因"辽宁省人民医院改扩建门诊病房综合楼机电安装工程"与生产产品无关，不被认定；② 不属于《专业工程类别和等级表》中其他 13 类工程，如轧钢车间、药品生产线，由于它们分别归类于冶炼工程、化工石油工程，也不被认定。以此类推，"业绩'新建铁路石家庄至武汉（河北段）'、业绩'京包铁路集宁至包头段'非房屋建筑工程"暗示着企业将路段含有的车站建设错报成房屋建筑工程了。此外，错报化工石油工程、冶炼工程、市政公用工程业绩的现象也较为常见。

2. 超资质承揽

类似于"业绩'水丰水电站金属结构和安全监测改造工程施工监理'合同和竣工验收证明中描述为一级工程，属超资质承揽"的评语在该"公示信息"中出现了 5 项，其中 4 项为市政公用工程，属每次评审会都必见的问题。

3. 分部工程充数

这类问题亦多出现在市政公用工

程中，如评语"业绩'松白路（宝石公路—径贝村路）绿化景观提升功能'、业绩'后海滨等二条道路绿地景观树木种植工程'非市政工程"指企业将沿街绿化分部申报为单项工程了，也有的企业错将住宅小区和单位内部的道路、景观及燃气入户等分部，作为主体工程申报。

4. 工程等级低

评语"业绩'梭鱼湾公园便民桥工程'非二级工程"表明：市政二级工程的桥梁要能走车，公园大门连社会车辆都不让进，只让行人走的桥怎么会是二级工程呢？"部令"规定房屋建筑等 4 类工程含有的三级工程，按"实施意见"第（四）条规定，不能作为业绩工程上报。

五、问题的综合分析

从表面上看，以上问题发生在认识上，反映出企业的不当行为，或者是整理资料的能力差；但究其本质，也暴露出管理工作的缺位和一些监管体制问题。

1. 问题到默认

"未申报注册造价工程师"和"注册监理工程师某某某、某某某、某某某非申报企业注册人员"等都是企业存在的实际问题，评审会上常常出现少量对此类问题未经"加工"的资料。在此，不妨分析一下问题企业经过的"一路绿灯"：第一关，资质升级，先要按期延续，审查机构是否发现了企业没有造价工程师？第二关，如果企业能成功延续，随即将造价工程师转出，经办部门应该同意吗？第三关，升甲申请要经过省、市两级建设行政主管部门认可，受理窗口有没有核实注册人员数量？第四关，在 2015 年，各省住建厅还要组织资料预审，无造价工程师等原则性问题为何未被发现？让如此明显的问题

连闯四关，恐怕企业要颇费一番周折，但关口的作用在于发现问题，不可"默认"，因为这样的资料最终不会获得"同意"，只能让企业白忙一场。

2. 误解与容忍

在一次资质复查会议上，一份作为陈述报告附件的设计文件中有"城市主干道，运行时速40km/h"的描述，它显示了企业的超资质承揽行为，还作为申辩依据提交，可见认识问题之多。

（1）惯例替代规范。以城市道路为例，目前国内次干路的时速多设计为40km/h，在前几年公示信息中，有人甚至据此将"成彭高架"的底路也申报成二级工程。此类错误出在：①不尊重规范定义，如主、次干路的根本差异体现在功能上，前者连通城市各分区，后者则连接主干路，多为分区内道路。②错用不能区分工程等级的数据划界，如主、次干路设计的时速都可以是40km/h。同理，不管"成彭高架"设计时速是何，但用来连接两个城市，其底路会是次干路吗？

（2）容忍的环境。既然是一级工程，为什么偏偏要选中乙级公司来监理呢？建设单位没看设计文件吗？答案应该是"低价优势"，为节约成本，双方会不惜违法违规。同样，招投标环节[4]也不一定都能严格依据规范或设计文件确定工程等级，监管机构被惯例忽悠的情况也时有发生。垄断也是超资质承揽的帮凶，如园林工程必须由园林局下属的监理公司承监，一些招商引资项目的施工、监理单位要任由开发商指定等，此时监管机构奈何不得。

3. "混"与多头管理

与认定机电安装工程的条件类似，只有在集中绿化、街心公园建设等工程中，植树绿化行为是主体工程时，才构

成风景园林工程，而沿街绿化只是道路工程的分部。同样，住宅小区内道路、景观及燃气入户也是分部工程，且无全民使用的"公用"性，至少不算是市政公用工程。发生错报来自两方面原因：

（1）企业确实工程难接。因何问题多出在市政工程中呢？因其投资额大、政府直管等特点，工程多由甲级监理公司承监，很多乙级企业接不到二级工程；某些企业又因经营专业面窄，如燃气热力工程监理公司，承监的燃气管道、调压站项目几乎都是一级工程。因此，确有一些乙级企业钻政策空子，拿分部工程"混"二级工程。

（2）监管存在多头管理。房屋建设要由消防、人防、通信等十多个部门共同管理，道路也有园林、路灯等机构的参与，从而萌生了协调问题——部分参与管理的机构会将相应分部的设计、施工和监理脱离主体工程实施管理，如沿路绿化、燃气入户等分部都会要求建设单位为其另签施工合同，使《建设工程质量管理条例》（国务院令第279号）"建设单位不得将建设工程肢解发包"的规定得不到落实，而单独签订的监理合同又给监理企业"混"业绩提供了依据。

六、建议

1. 加强宣传

现在仍有一些企业不了解"部令"中注册人员的数量和"扣除"要求，说明相关政策、法规知识的普及工作任重道远，只有加强宣传，才能真正做到支持企业的申报工作。

2. 强化职能

省、市一级资质申报受理窗口不应只核对有关证件的真伪，还应核实资料

中一些技术要求不高的指标（如注册人员数量、注册资金等），让企业少跑路、少做无用功。

3. 让企业知情

在短期内改变多头管理的体制是不现实的，但建设单位应该在立项时，告知施工、监理单位，所发包工程是分部工程，还是主体工程，尊重其知情权。

4. 广泛开展咨询

相关部门和协会可以多开展一些技术咨询活动，针对企业迫切需要了解的技术问题，定期组织专人答疑。设立服务规则，不协助资料（加工）作假，促进申报工作的健康发展。

七、结语

1. 在资质升级申报工作中，企业爱犯的错误是片面地理解"部令"和"实施意见"的要求，以自己最愿意接受和最低成本的资料组织方式，上报携带严重问题的申请资料，最终遭遇"不同意"的评审意见。

2. 资质管理工作要体现为企业服务的宗旨，针对申请资料中注册人员数量不达标和业绩分类、分级不正确等常见缺陷，尽早、尽快地为企业找出问题，以提高申报工作的效率。

参考文献

[1] 刘道云等.工程监理的现状及其对策研究[J].西部探矿工程.2007（10）.

[2] 张红军.监理行业存在的问题及其对监理行业发展的影响[J].中国建设监理与咨询.2016（8）.

[3] 谷金省.建设工程执业资格挂靠的形式、法律责任与对策[J].建设监理.2012（3）.

[4] 曾志刚.关于监理企业发展的外部环境的思考[J].福建建筑.2010（1）.

特高压输电工程建设监理创新与实践

四川电力工程建设监理有限责任公司　梁光金
国网四川省电力公司广元供电公司　刘翠勉

摘　要： 在大众创业、万众创新的双创时代，创新已成为企业发展的必然要求。面对电力工程技术日新月异的发展，尤其是特高压输电工程与尖端科技的高度融合，使得传统的监理模式已不能满足当今电力工程建设监理的要求，需要电力监理企业积极转变工作思路，从管理体系和技术手段两方面不断探索、创新，寻求改善工作质量、提高工作效率的最佳途径。本文从监理工作中创新思维的触发、创新途径、创新思路的实践和应用成效等方面进行论述，重点对队伍管理、监督机制、管控措施、资料管理、测控方法和现场指导六个方面的创新模式进行阐述，对于全行业监理工作的开展具有重要的借鉴意义和推广价值。

关键词： 电力工程　建设监理　创新　研究

创新是指以现有的思维模式提出有别于常规或常人思路的见解为导向，利用现有的知识和物质，在特定的环境中，本着理想化需要或为满足社会需求，而改进或创造新的事物、方法、元素、路径、环境，并能获得一定有益效果的行为。项目监理团队的工作创新在于结合工程项目特点、建设目标和建设意义，不断改进监理方法，完善管理模式，从而提高工程建设服务水平，取得良好的工作业绩。

一、创新思维的触发

（一）创新思维的触发源于工程实践。监理工作之所以要不断创新，就是因为创新可以注入监理企业新的活力，能够提高工作效率，改善工作质量，对于推进工程建设目标的顺利实现具有重要意义。昌吉—古泉 ±1100kV 特高压直流输电工程，起于新疆昌吉换流站，止于安徽古泉换流站，线路全长 3319.2km，途经新疆、甘肃、宁夏、陕西、河南、安徽六省（区），输送容量 12000MW。川电监理公司监理的 270.8km 线路，跨渭河，越秦岭，穿行于人杰地灵的陕西大地，起于富平县，途经临渭区、华县、蓝田县、商州区、丹凤县，止于商南县，需要新建 505 基铁塔，其中 319 基位于崇山峻岭之上，高差在 10~16m 之间的全方位高低腿多达 297 基。塔基所在的点位山险坡陡，无路可行，施工过程中需要架设货运索道 160 条，施工与监理工作开展的难度不言而喻，若是沿袭传统的监理工作方式、方法，几乎不可能达成监理目标，唯有不断探索实践监理工作的创新。

（二）明确的工程建设目标是监理工作创新的导向。昌吉—古泉 ±1100kV 特高压直流输电工程是目前世界上电压等级最高、输送容量最大、输电距离最远、技术水平最高的特高压输电工程。国家电网公司明确提出优质典范工程、国家优质工程金质奖、全国建设项目档案管理示范工程的建设目标，该工程的建设本身就是一项重大创新。项目监理团队肩负神圣使命，不仅是工程现场安全、质量、环保、水保的护卫者，更是工程建设目标的捍卫者，必须在工程实体建造过程中，以工程建设目标为导向，不断开拓创新，探索精准有效的现场监理方法，不断提升监理工作质量和水平，在安全、质量、进度、环保、水保监理以及监理资料管理等方面有所创新和突破，才能获得更好的工作效果和效益。

二、工作创新的途径

（一）监理团队是工作创新的核心基础。在配置到位的所有监理资源中，人是最积极、最活跃的因素，是优质完成监理任务、达成工程建设目标最具活力和生命力的关键要素。项目总监理工程师必须在监理实践中，紧紧围绕工作目标，依据不同人员的资质、资格、经验、专业与所监工程的匹配度，合理调配、精准定位每个人的角色，做到人尽其才、履责有为，才能充分发挥团队优势，群策群力碰撞出创新的思维火花，实现质量和效益的双提升。

（二）团队成员的职业生涯规划和提升策划是工作创新的动力。昌吉—古泉±1100kV特高压直流输电线路工程监理团队每一位成员都编制了详细的职业生涯规划和的阶段性提高策划，鼓励其在工程实践中不断拓展知识结构，积极探索新思路、新方法，持续提升现场安全、质量、环保、水保监督管理水平，真正实现创新增效的目的。

（三）不断学习实践才能获得与时俱进的创新能力。特高压直流输电工程的建设具有涉及专业多、点多面广、安全压力大、质量要求高等特点。工程建设的监理，必须对项目安全、质量、进度、投资、合同、信息、环保、水土保持等实施有效的监督管理与控制，并履行好建设工程安全生产法定职责。监理实践中，要善于从网络、建设管理文件、设计文件、施工报审文件、规程规范及标准中，捕捉有益于现场监督管理的新知识，不断拓展知识结构，不断修炼、提升、丰富与现行工程监理相适应的职业素养，获得与时俱进的工作创新能力。

三、监理工作创新实践

在昌吉—古泉±1100kV特高压直流输电线路工程建设监理的过程中，为达成优质典范工程、国家优质工程金质奖、全国建设项目档案管理示范工程的建设目标，川电监理项目团队不断探索创新，积极挖掘新思路、新方法，取得了良好的应用成效。

（一）监理队伍管理创新。一是深化AB角管理。监理部、监理站管理人员横向互为AB角，纵向兼容相邻下一层级相关工作，现场监理人员自愿搭档或指定AB角。每一位员工既是本职工作的主角又是另一岗位的协助者、配合人，优势互补，工作互相配合兼容，有效衔接，避免员工正常或非正常离岗导致工作脱节断档。二是现场监理关口前移。结合监理标段工作实际，按施工标段设立监理站，作为现场监理前哨，强化对现场监理工作和安全文明施工、工程实体质量、环水保措施落实的监督管控。三是职责明晰，责任到人。总监和监理部专责主要负责管理、协调、巡查、督导；副总监下沉一级，直接入驻所监理的施工标段现场，强化施工现场安全、质量、环保、水保监督管控和监理资料管理；现场监理人员对应到具体塔位或线路段，确保相应的监理责任可跟踪可追溯。

（二）内部监督机制创新。一是监理工作质量内部点评。在巡视检查、监督抽查、专项检查的基础上，实时召开"监理工作质量分析会"，重点针对分包管理、安全文明施工、工程实体质量、环水保措施落实等方面，分析梳理监理履职存在的问题与不足，点评数码照片采集、过程监理资料的质量，明确问题

整改期限和后续监理工作的重点。二是现场情况日管控。现场监理人员每天定时将监理日记（拍照）、旁站记录或巡查记录（拍照）、现场检查照片、不同时点履职照片等上传至本标段监理站，监理站审核、登记后打包上传至监理部。三是实时定位督查到点。监理部、监理站管理人员手机安装奥维互动地图，清晰标注线路路径和每一基塔位，利用实时定位功能，直接到达监督检查点，督查施工现场安全、质量、环保、水保以及现场监理人员工作状态的真实情况，实现工程建设全方位、全过程可控、能控、在控。

（三）管控措施创新。一是运用无人机巡检。监理标段内需要新建的505基铁塔中有319基位于崇山峻岭之上，山险坡陡，无路可行，过程督查费时费力，监理部充分利用无人机不受地域空间限制的方便性，现场运用无人机巡检，实时监控各作业面动态，清晰反映施工现场安全文明措施、环水保措施、人员违章，大大提高了监理督查效率。二是"单基防控"措施。针对重要施工部位和重大风险作业，除要求施工项目部报审经专家论证的专项施工方案外，还必须针对具体作业的实际，编制报审"单基策划"方案，监理部制定对应的"单基防控"措施，强化现场安全风险管控。三是问题反馈面对面。监理过程检查发现安全文明施工、工程实体质量、环水保措施落实等方面问题，及时发出监理工程师通知单要求整改，同时由监理站将现场存在的问题，以照片加说明的方式，逐点逐条直接反馈给施工项目部及对应施工队，敦促施工方"安全质量保证体系"有效运行。

（四）监理资料管理创新。监理过程

资料，实行"一基一档"模块化"抽屉式"管理。以设计杆塔号为一级检索目录，逐基逐档录入监理过程资料，确保每一基杆塔或每一线路段都有精准的身份信息，过程管控数码照片、监理过程资料、检查验收资料无差缺不漏项；监理责任人、施工负责人、检查验收人以及实体建设关键节点时间明晰，责任人对应到每一具体塔位或每一线路段的每道工序，确保责任可跟踪可追溯。

（五）过程测控方法创新。由于地处山区，新建于山地的319基铁塔中，全方位高低腿多达297基，且高低腿高差多在10~16m之间。在土石方开挖和基础工程施工过程中，现场测量控制难度非常大，若按传统的测量方法进行检测，需多人配合、多次转站，测量时间长、效率低。监理部以总监为组长的三人创新小组，经过反复研究推论和实地测量验证，总结出一套"以中心桩为控制基准，一次性测量多组相关数据，再利用公式导入表格数据快速计算，可以十分精准地得出监理过程管控关键数据。"该方法无需多次移动仪器，测量时间短、速度快、效率高、数据精准。

（六）以《手册》指导现场监理。昌

吉—古泉 ±1100kV 特高压直流输电工程的建设，对每一位参建者而言，都是全新的工程实践，面临巨大的压力和挑战。监理部针对本工程的具体特点、实际工程环境和监理合同服务范围的具体约定，编制《现场监理手册》用于指导现场监理工作。《现场监理手册》主要是将现场安全、质量、环保、水保监督检查的重点以及强条、通病、工艺等方面检查控制的要点、方法进行明确，对现场监理检查的表式、内容进行规范，构建标准化管理模式，有效解决现场监理人员专业覆盖面和业务素质参差不齐的问题，同时避免了人为主观因素，监理工作更加安全可靠，在工程实体建造过程中实现全方位无死角的安全、质量、环保、水保监督管理。

四、创新成果

总体而言，"一基一档"模块化"抽屉式"管理框架的构建，使监理资料管理规范化水平大幅提升；《全方位高低腿基础过程测控方法》的提炼总结，有效提高了监理测控技术水平；《现场监理手册》在施工现场的推广应

用，构建了标准化管理模式，有效改善工作质量。通过一系列的创新实践，川电监理项目团队成员的工作主动性和积极性得到充分调动，增强了团队成员的责任感和成就感，学习能力、沟通能力和实务技能大幅提升，推动监理工作更加高效地开展。昌吉—古泉 ±1100kV 特高压直流输电工程（陕西段）自 2016 年 5 月 28 日实际开工以来，先后经历了国家电网公司重大专项施工方案专家审查、标准化开工检查、三次协同监督专项检查、直流部施工现场及工程实体检查、国家能源局首次质量监督检查、杆塔组立前阶段质量监督检查及质量水土保持专项监督检查等。在历次检查中，川电监理项目团队的工作都得到了充分的肯定和认可。

结束语

川电监理项目团队在昌吉—古泉 ±1100kV 特高压直流输电工程中不断研究探索，从队伍管理、监督机制、管控措施、资料管理、测控方法和现场指导等六个方面对监理工作创新模式进行了创新和实践，取得了良好的应用成效。目前工程已进入铁塔组立阶段，川电监理项目团队将持续发扬创新精神，为工程建设提供更为优质、专业的监理服务，为项目顺利推进保驾护航。

主要参考资料

1.《建设工程监理规范》GB/T 50319—2013。

2.《电力建设工程监理规范》DL/T 5434—2009。

3.《国家电网公司输变电工程建设监理管理办法》国网（基建/3）190—2015。

4.《昌吉—古泉 ±1100kV特高压直流输电线路工程建设管理总体策划》国家电网公司2016年4月。

浅谈如何做好医检项目的项目管理工作

浙江江南工程管理股份有限公司　陶升健　胡新赞

摘　要：结合医疗器械检验工艺建设项目的工艺特点，从项目管理前期策划、设计管理、招标采购管理、造价管理等四个方面介绍此类项目管理应着重注意的问题。通过针对相关问题实际处理的方式方法，总结出相应的应对措施，积累项目管理经验，以便在类似工程项目管理工作中做到事前控制，避免出现同类问题。

关键词：医疗器械检验　工艺特点　项目管理　重要问题

含有医疗器械检验工艺的建设项目都具有一般项目不具有的特点，此类项目的建设资金来源一般由政府财政拨款；大型医疗器械检验中心建成的主要功能是能够对各种大中小型医疗器械进行精确检测并且能够对外营业。项目的功能决定了项目具有特殊的工艺和布局，包括电磁兼容性实验室（简称 EMC 实验室）、隔震室、屏蔽室、有毒有害气体实验室、大型库房、动物房、洁净区、部分恒温恒湿工艺要求等。项目管理工作开展之前必须要对这些特点有所了解，才能在项目管理工作中抓住重点，运筹帷幄。

一、实施策划阶段项目管理应重点关注的问题

实施策划阶段，项目管理与建设单位必须统筹兼顾、周密细致，合理确定项目的投资控制目标、质量控制目标和进度控制目标等，为后续项目管理工作顺利实施奠定基础。

（一）了解项目的定位

项目管理在前期策划时必须了解整个医疗器械检验项目的规模定位和质量档次。需要知道，该项目建成后是针对各种大中小型医疗器械进行检测，还是仅对中小型医疗器械进行检测。根据检测工艺的需求，明确该项目需要采购多少种类、数量的大型检测设备。还需要知道，立项批复的总投资额是多少，项目建设所用的材料是计划采用高档，还是中低档，还是高中低档结合等。只有清楚明确这些内容，才能在设计管理过程中设定全面、合理、准确的设计范围、内容和设计规模，才能促使设计成果更具有适用性、针对性和全面性，减少设计漏项及后续工程变更的情形。

例如，某医疗器械检验所项目，立项批复文件中项目总投资额较为充裕。施工图中设计的建筑外墙采用真石漆，后期施工招标完成后，建设单位发现资金仍充足，遂提出要求将建筑外墙的真石漆改为幕墙。项目管理部不得不组织建筑幕墙设计的招标工作。幕墙设计完成后原建筑设计单位须对幕墙设计文件进行审核，审核完成后又将图纸和节能计算书上报图审单位重新审查，图纸审查完成后再另行进行幕墙施工的招标。此事件给项目管理造成的工作量增加和麻烦毋庸赘述，故项目管理需要清楚了解项目的定位，从而做好准确的前期策划，进而对设计范围、内容等全面的把控，为后续项目管理工作奠定良好的基础。

（二）发承包模式的策划

发承包模式关系到项目管理工作效果、难易程度、合同管理和组织协调的

工作量。

发承包模式目前普遍采取的有两种：一是建设单位通过招标确定一家施工总承包单位和个别特殊设备的供货单位，非主体工程的专业工程再由施工总承包单位另行委托分包单位；二是发包人将主体结构施工总承包、专业工程施工分包、各种设备采购按施工进度分批平行进行招标发包。

某项目采用的是第二种发承包模式，结果建设单位与施工单位、供货单位签订的合同有数十份，后续项目场地内交叉施工的单位也有数家。导致的状况就是现场交叉施工面但凡有些问题各单位就互相推诿，需要项目管理单位协调解决。组织协调以及合同管理工作量大大增加，最终项目工期延误、项目管理成效不理想。所以，在设计较全面、完善的情况下，采用第一种发承包模式会是上佳选择，项目管理效果会较好。

（三）总控计划

总控计划是项目管理工作开展的指导性依据，它包括项目总体施工进度计划、前期报建工作计划、设计工作计划、招标采购工作计划、竣工验收与移交计划等。总控计划的编制必须按照整个项目的工期要求进行编制。编制过程中需清楚知道哪些专业工程在前哪些专业工程在后，并且充分考虑各专业工程的准备时间、搭接时间等。比如暖通主机设备订货生产需要较长一段时间，可以在机电安装工程开始前一段时间完成暖通主机设备的招标。再比如实验设备需要在装修完成后进行安装，在编制计划时可以安排装修工程完工前一段时间完成实验设备的采购。总控计划的编制一定要合理、可行。项目管理工作开展需严格按照计划实施，过程中如果实际情况有所调整，要及时调整相应的工作计划。

二、设计管理应注意的问题

设计管理是项目管理工作中十分重要的一项工作，因为工程设计必须满足建设项目的安全性、可靠性、适用性，并且设计成果文件直接决定了项目的投资额和质量标准要求。设计阶段考虑得越全面、越合理，后续施工过程中制约因素及设计变更等就会越少，项目管理工作也就会越顺利。

（一）方案设计确认

建筑工程设计一般分为方案设计、初步设计、施工图设计三个阶段，必要时增加技术设计阶段。方案设计阶段是设计管理的第一个重要阶段。方案评选完成后，建设单位、项目管理单位等对中标的设计方案仍会提出一些修改、完善意见，待设计院完善后报建设单位确认。确认后需要报送相关行政职能部门审批，如果行政部门提出修改意见，需由设计院继续修改上报。需要强调的是，建设单位在提出修改完善的意见时必须考虑周全、谨慎，符合相关法律法规及规范的要求，方案一经审批确认后不应随意进行变更。某建设项目方案设计 A 楼和 D 楼之间通过下沉庭院连接，当施工图设计完成后，建设单位提出将 A 楼和 D 楼之间的下沉庭院改成架空连廊连接。项目管理单位又根据建设单位的指示要求设计院更改方案和施工图，重新图审、报批后开始施工单位的招标工作，耽误了原计划的施工招标工作和开工日期。所以，方案设计审批完成后尽可能的不去变更，如果确实需要变更，那么尽早完成，降低影响。

（二）初步设计

初步设计前项目管理部应该编制详细的设计任务书，要求设计院严格按照设计任务书进行设计工作。设计任务书需要根据项目策划的内容以及审批的可行性研究报告、方案设计等文件进行编制，需考虑全面。比如各项实验所需要的设备，均不能设计漏项。精装修、幕墙、智能化、暖通、热源等专业工程必须设计详尽。设计详尽对于项目前期报

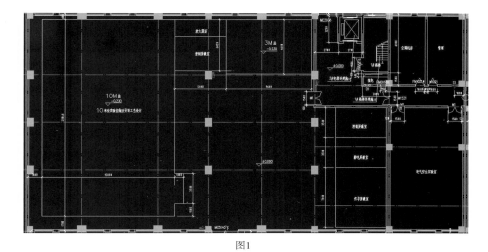

图1

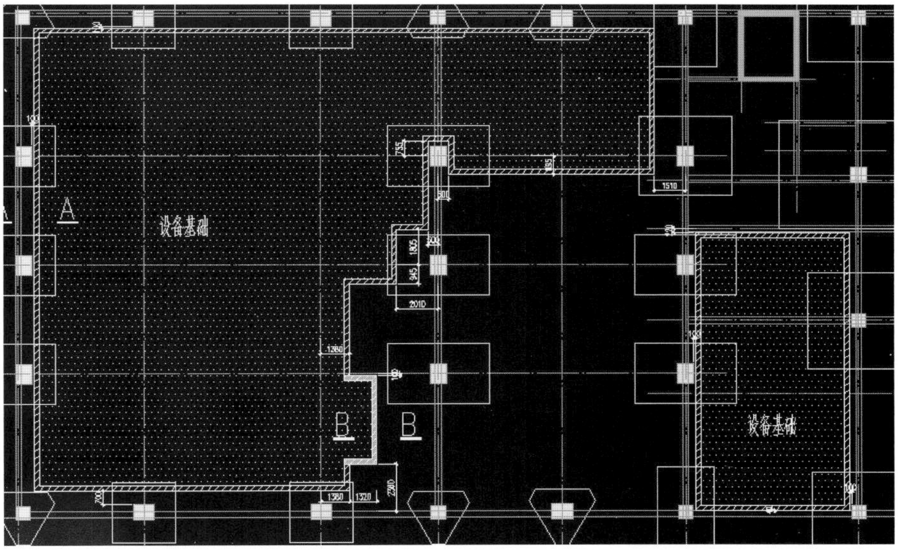

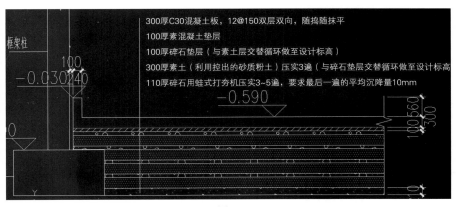

图2

300厚C30混凝土板, 12@150双层双向, 随捣随抹平
100厚素混凝土垫层
100厚碎石垫层（与素土层交替循环做至设计标高）
300厚素土（利用控出的砂质粉土）压实3遍（与碎石垫层交替循环做至设计标高
110厚碎石用蛙式打夯机压实3~5遍, 要求最后一遍的平均沉降量10mm

框架柱

图3

批报建也有很大帮助。另外，初步设计概算是初步设计阶段重要的成果之一，如果上述考虑不全面，设计不全或漏项，会导致初步设计概算不符合实际。如果发改部门对初步设计概算批复完成后，再想调整便很困难。为了更好地进行项目投资控制，初步设计阶段管理需认真、仔细、全面。

（三）技术／工艺设计

医疗器械检验建设项目设计区别其他普通建筑工程设计的特点之一就是技术设计（又称"工艺设计"）的必要性。施工图设计之前进行工艺设计对医疗器械检验建设项目特别重要。

例如：某医疗器械检验项目在施工图设计前未进行工艺设计，仅在施工图设计时列出了电磁兼容性实验室（简称EMC实验室）所需要的空间，基础结构均按普通做法设计，如图1。

待主体结构施工完成后，需要进行EMC实验室组装时，发现EMC实验室对地基要求及地面平整度要求极高，沉降量必须小于10mm。EMC实验室的专业安装厂家到现场踏勘已完成的混凝土结构地坪，发现无法满足安装要求。建设单位不得不要求设计院出具设计变更联系单，如图2、图3。

施工单位将原有完成的混凝土地坪凿除，涉及面积约900m²，再按照设计变更联系单中做法完成新的混凝土地坪，达到一定强度后再由专业厂家安装EMC实验室。并且EMC实验室原先并未考虑大功率用电，后来根据工艺要求增加了三根大型号电缆。此次事件造成了很大的经济浪费，并且对EMC实验室安装工期造成很大影响。隔震实验室也是如此，在原混凝土地坪都已施工完成后，需要按照隔震实验室的特殊要求重新凿除地面，增加独立基础并加固。如果在施工图设计前，先进行 EMC 实验室和隔震实验室工艺设计，那就不会出现上述问题，不会对投资和进度控制造成如此严重的影响。工艺设计会使施工图设计有据可依，更加合理。故工艺设计对医疗器械检验建设项目的重要性不言而喻。

（四）施工图设计

施工图设计中，着重注意功能布局，必须全面合理。一般医疗器械检验建设项目需要设置动物房、实验区（含洁净区）、大型库房、办公区、餐饮及休闲区等。功能布局必须合理，比如隔震室设置在远离主要公路一侧，减少行车震动的影响；动物房尽可能设置独立单体，保证其恒温恒湿的要求等。例如，某项目大型货梯，载重 2000kg，电梯门尺寸却是 1000mm×2000mm，并且远离建筑大门，通道又较窄。部分实验室净高要求 4m 多，但装修设计房间净高仅有 3m。还有，部分实验室的试验台在房间正中央，安装专业并未考虑水、电接口的现象。类似这种典型的设计不合理，在施工图设计中需要避免。在施工图设计经过审批及确认完成后，不得轻易变更功能布局。

三、招标采购应注意的问题

招标采购环节是将项目管理策划内容转化为实际成果的一个重要环节，是造价管理、合同管理的直接体现，一定程度上也影响到项目的推进进度。应着重注意招标漏项、合同条款设置、防止流标和投诉等问题。

（一）招标漏项

招标漏项问题可以分为三大类：

一是设计过程中遗漏，导致图纸中没有体现，招标代理公司在编制工程量清单时也没有发现，从而造成招标遗漏。比如屋面排风机电源线、空调机组控制柜等。针对此类遗漏问题，作为项目管理单位，应该在设计阶段重点控制，加大对设计单位的管理，提高设计图纸的质量，尽量避免设计遗漏的问题。同时也应要求招标代理公司，了解图纸建筑或设备的合理性，对遗漏或不明的图纸及时提出疑问。这样可以减少此类遗漏问题的出现。

二是，图纸齐全，招标代理公司在编制清单时出现遗漏现象，从而造成的招标遗漏问题。针对此类遗漏问题，有四个方法：（1）建设单位应选择较为优秀的招标代理（或造价咨询）公司；（2）多委托一家造价咨询公司进行工程量清单及预算的编制，然后组织两家单位进行核对（俗称"背靠背核对"），综合出一份较完善的招标工程量清单；（3）可以加强对招标代理（或造价咨询）公司的考核力度包括奖惩力度等，这样可以减少招标代理公司出错的几率；（4）项目管理单位应加强对招标工程量清单的审核力度，将工程量清单与招标文件、合同条款、技术规范、图纸等文件结合起来查阅与理解，发现问题及时要求招标代理单位进行整改，从而避免招标遗漏的问题。

三是，招标界面划分含糊，导致的招标遗漏问题。比如设备单独招标，设备和水管连接的阀门遗漏等。针对此类遗漏问题，项目管理单位在招标采购管理方面必须要有清晰的思路，制定明确并且合理的招标计划，并要求在先行的招标文件中必须清楚地描述招标工作范围及界面，以便后续招标过程中可以查

阅参考之前的招标文件，从而避免招标遗漏问题。

（二）合同条款设置

合同是对参建单位最具约束力的文件，也是管理各参建单位的根本依据。合同条款的设置应遵循两个原则：一是满足项目目标的实现；二是有利于项目管理部对参建单位的管理（包括施工单位、供货单位、服务单位等）。

根据以上两个原则，编制招标文件设置合同条款时，首先应明确工期、质量、安全目标，例如专业工程的施工合同中，工期要求不得影响项目总工期；有评奖创杯要求的项目，需在合同质量目标中说明，另外专业工程施工不得影响施工总承包的评奖等。

其次，为了便于管理参建单位，应在合同条款中明确乙方须履行的全部义务，包括施工过程中要配合甲方完成的其他工作等，并设置相应的约束条件，比如违约责任中规定，不服从甲方或者项目管理单位的正确管理，处以多少金额的罚款；擅自更换设备材料品牌，处以采购额多少倍的罚款等。但是条款不能设置得过于苛刻，过于苛刻的话会造成很多弊端，不利于施工单位积极施工。比如，某幕墙专业工程施工合同付款条件约定："每月工程进度款按实际完成工程量的 70% 支付，整个项目竣工验收后付至合同额的 80%，项目审计结束后付至审计价款总额的 95%，剩余 5% 作为质量保修金"。此条款月进度款支付比例不高，而且幕墙专业施工结束至整个项目竣工验收会有较长一段时间，施工单位垫资时间很长。导致合同签订后，施工单位资金不足，资金压力很大导致施工进度拖延，施工不积极

并且想各种办法进行工程变更。证明此条款的设置不够合理，在以后的项目管理工作中应加以改进。

（三）防止流标和投诉

流标和投诉是项目招标时可能出现的情形，但凡出现此类状况都会造成招标工作时间拖延，不能按计划完成，从而影响到项目总工期。流标过后需重新组织招标，至少耽误约一个月时间；而中标公示期间出现投诉，如果不处理好，耽误的时间可能更长，甚至三个月以上。

防止出现流标的办法一般包括：（1）招标控制价不宜设置得过低。如果招标控制价设置得太低，投标单位认为无法达到利润目标或者投资回报率太低便不愿意参加投标。（2）投标单位资格条件不宜要求得过高。如果对投标单位报名设置的门槛太高，比如对资质、财务、业绩都提出非常高的要求，会导致符合条件的投标单位较少，有流标的风险。（3）合同条款不宜设置得太苛刻。例如上文叙述的案例中付款条件太差，或者要求投标单位垫资太多，愿意参加投标的单位也较少。（4）招标文件中无效标条款不宜设置得过多过滥。如果招标文件对无效投标的规定条款过多过滥，投标文件编制若稍有疏漏，被评标委员会发现即会被判定为无效投标，使得经评审后符合招标文件要求的投标单位不足三家而流标。（5）邀请之前合作过的或者熟悉的单位参加投标。对一些不常见、比较冷门的专业工程或设备采购的招标，为了避免投标单位较少，可以邀请熟悉的单位进行投标。比如医疗器械检测的试验台等。

防止招标出现投诉的办法一般包括：（1）招标文件编制必须严谨、全面、详尽。比如，按照相关法律法规要求必须要编制的内容不能遗漏，不能在文件中明示或暗示排斥潜在投标人，不能设置不合理的报名条件或废标条款等，以免被投标人抓住招标文件的漏洞进行投诉。（2）开标流程必须严格按照招标文件中载明的流程进行。招标文件中设定的开标流程是开标时的依据，如果开标过程中未按照现实设定的流程进行，容易引起投标单位投诉。例如：某项目造价咨询审计服务招标，招标文件中并未描述开标时投标单位对评标结果有异议可以当场提出。开标当天，主持人在技术资信标评审结束后，公布评分结果，然后告知在场的投标单位可以当场提出质疑。结果有一家投标单位对评分提出质疑后，评标委员会竟然修改了评分，使得评标结果改变。于是公示期有单位针对开标中增加的环节进行投诉。（3）评标过程严格按照评分办法及相应条款执行，评标委员会应谨慎，评标过程应保密。在评标时，不得增加或减少实质性要求和条件。编写评标报告应认真仔细，避免出错。确定中标人必须符合招标文件和国家法律法规规定，从而减少被投诉的风险。

四、造价管理方面

造价管理的成效直接决定了整个项目的投资控制成果，并最终体现在工程结算和决算结果中。项目造价管理的总目标是：工程结算以及项目决算不超过批复的设计概算。过程中一方面要分解到各施工内容的招标清单和预算审核，另一方面要控制工程变更。

（一）工程量清单及预算的审核

招标开始前，应重点做好招标工程量清单及预算的审核工作。工程量清单是投标单位进行报价以及中标后支付、结算、索赔的重要依据。在招标开始前，加强工程量清单审核工作，可以及时发现问题并将其改正，做到事前有效控制，避免施工单位利用工程量清单的漏洞进行索赔等。比如某项目VRV系统单独进行招标，原先施工总承包招标清单中并未包含此部分内容，而且VRV系统的电源电缆均未包含。结果在VRV系统单独招标的工程量清单中也未包含电源电缆的内容，导致招标完成后，此项内容漏项。VRV系统施工单位以此为由增加了较多费用。再比如某医疗器械检验项目装修施工招标时，工程量较大的橡胶地板的项目特征描述不清楚，结果施工单

位准备采用比较差的上下层不一致的橡胶地板施工，建设单位不同意，要求其采用 2mm 厚同质透心的橡胶地板。施工单位以工程量清单描述不清为由，要求增加了部分费用。由案例事件可以看出，如果在工程量清单审核阶段，能够发现这些问题并修改，那么在后续施工过程中这些增加费用的联系单／签证单就不会存在。工程预算的审核也较为重要，工程预算是设置招标控制价的依据。之前说过招标控制价不宜设置得过低，但同时也不宜过高，过高会导致各个投标单位报价偏高，不利于投资控制。审核预算时，主要审查定额套用是否有误，价格信息参照是否有误，取费费率是否有误，等等。

（二）控制工程变更

工程变更主要分为三大类：一是施工单位提出的变更，二是设计单位提出的变更，三是建设单位提出的变更。工程变更是每个建设项目都会遇到的问题。造价管理做得出色的项目对工程变更往往控制得特别好，而工程变更控制不好的项目往往造价管理不尽如人意。所以工程变更的控制对造价管理来说是尤为重要的一项工作。

例如某医疗器械检验所项目，建设单位和项目管理部对工程变更没有建立相应的管理办法和制度。各施工单位经常提出变更，好在项目管理部可以认真审核，对于不合理的变更予以否决。但是对于建设单位经常提出的变更，项目管理部当时没有好的应对措施，只能按照建设单位指示进行落实。比如建设单位领导在现场察看时提出各种要求，要求增加一块装饰玻璃；说大厅接待柜台

不够长、设置的位置不协调要求重新制作；卫生间前室区域增加橱柜，用于烧水煮茶放置微波炉等。再比如建设单位领导在大厅门口景观铺装完成后，提出分隔较小不美观，要求重新换大块石材进行铺装；会议室隔墙按图砌筑完成后，认为采光不足，要求拆除重新做成玻璃隔断，等等。对于建设单位提出的这些意见，项目管理部只能组织施工单位落实，因此产生了较多的变更，增加了很多费用。

相比之下，另一个项目，在项目初期，项目管理部便建立了一套完成的工程变更管理办法和流程，如图4。

项目管理部将此工程变更管理办法和流程上报建设单位批准后，对于后续施工中的变更均按此实施管理，效果良佳，大大减少了工程变更，并且每一次变更的处理审批过程都非常清晰。

两个项目的对比，差距十分明显。因此，工程变更控制是项目造价管理的关键，项目管理部应该建立健全工程变更管理的办法和流程，借鉴成功的管理方法，使得工程变更管理卓有成效。

五、结语

建设项目的项目管理工作具有一定的共性，医疗器械检验工艺的建设项目管理工作需要利用项目管理工作的共性，然后再结合工艺的特殊性制定相应的对策，最后在项目管理工作中融合运用。管理是开放性学科，每个人都有各自成功的管理方法，关键是需要在管理项目的过程中不断积累经验，不断改善不足，不断优化管理思路，为做好以后的项目管理工作打下良好的基石。

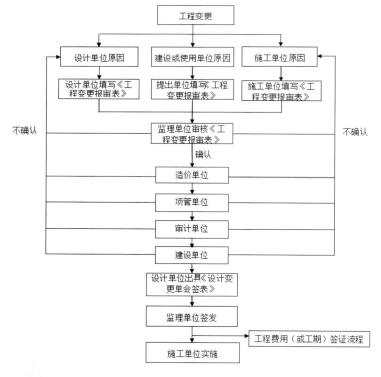

图4

项目管理合同策划编撰探讨

宁波市轨道交通工程建设指挥部　吴好生
宁波高专建设监理有限公司　俞有龙

摘　要： 合同管理是贯穿项目建设过程的一条重要管理主线，编撰合同策划可提升为项目管理团队中合约工程师在岗业务必备技能。合同策划源于处理项目业主与参建单位的承发包关系，属于投资管理专项运筹方案。从业主统筹管理各参建单位履约推进工程建设各项目标顺利实现的角度上认识，合同管理控制是项目管理的一项核心工作。因此在项目管理中事先进行合同管理策划是很有必要的，它能起到引导项目管理团队在了解熟悉项目特点、关注项目重点的基础上，事先精细统筹、分解建设内容、分解建设成本、全面掌控进度计划、明晰选择承发包方式等作用。这项工作在专业项目管理公司中推行尤其值得。如在管理实践中循序渐进地推广，可能取得事半功倍的效果。

关键词： 合同策划　项目分解　招标计划　合约工程师

2003 年一些监理公司在从事第一批项目管理业务时，在管理部设立合同管理岗位是基于设立专人完成相对固定的一些工作内容考虑的。很长一段时间内，合同管理工作内容限于起草合同及招标文件、组织招标、办理支付审核以及造价咨询委托联络等事项，而且选定有丰富经验的造价工程师来完成。据了解，一般情况下一人能同时做两个项目的合同管理，也有做到三个项目的，但要配助手。几年后，管理公司多了，承接的管理项目也相对多了，有的公司合同管理岗位有固定的 3~5 人，同时在做的有十几个项目。这时，明确岗位职责，包括开始全面编写有关工作制度，并以

合约工程师来命名合同管理岗位就很自然了。合约工程师的工作内容也增加了建设全程投资管理（静态方面估算、概算、预算、结算管理，动态方面对变更索赔签证进行处理等，也包括编制资金计划、调整投资报告等）。而后当有更多项目开始时，新手增多，有经验的合约工程师应该进行"传、帮、带"，管理公司在工作制度中也需要提出要求增设编撰合同策划管理环节。合同策划概念形成与推介也是基于想让新手一接触到项目就能基本知道一个项目建设从始至终会有几类合同，有多少个合同，都应该以什么方式洽商，招标有几类、投资如何分解控制等，以便上岗及在岗人员开

展业务有计划、有步骤、有把握，不至于盲从或被动作业来考虑。至今，一些管理公司都开始有了自己的管理工作制度，以合约工程师、合同部、项目经理、项目部为"主体元素"共同构建了合同、投资管理控制交圈型的子系统，合同策划可以做到全员知晓、全面实施。下文将探讨合同策划概念表述、策划内容、表式分析、编审组织过程及注意事项等，进而提些建议。

一、概念表述

策划是一种组织管理活动。关于"策划"，或有解说描述如是。"策"是

指计策、谋略，"划"是指计划、安排，连起来就是指有计划的实施谋略，通常需组织者因时、因地制宜，集天时、地利、人和，整合各种资源来安排的周密的活动。本文所指，项目管理合同策划实际上是基于业主管理的角度，对整个的项目建设内容依据各种法规结合实际情况以招标或直接委托等方式发包出去，以合同方式确定参建单位的组织管理谋划。

当然，受业主委托来进行项目建设全程管理的监理或其他咨询单位即项目管理公司，理应提供专业的管理服务，不能等同于一次性的社会业主，在项目建设过程中不能以"走一步、看一步"的方式进行管理，而应该进行主动管理、系统管理。业主最终需求是项目建成，在过程中以投资方式去委托参建方（设计、施工、供货，也包括项目管理、监理在内），通过他们的劳动与物化劳动投入，从而实现建成目标的。现如今国内市场经济条件下，只能以合同方式来明确参建协作关系（只有在国家计划经济时代，工程建设才能无偿调拨人力、物力、财力）。国家对组织承发包活动及合同管理都有许多规定，比如《建筑法》《合同法》《招标投标法》等。因此选择承发包方式通过采购才能签订合同。只有合同签订后，落实了参建实体，才有后续具体的项目管理活动，如对设计单位进行设计管理协调，对施工单位进行工程质量、进度、安全的管理协调，对供货单位进行监造、供货进度协调等。从根本上说，合同策划是属于项目管理中的采购事务计划管理。

项目管理公司在项目管理上将合同管理工作交由合约工程师完成，包括编报合同策划及动态调整等。总之，合同策划在项目管理中可以归位为专业计划。如果说概算是以建设工程费用性质为依据构成投资内容——分解编制的投资控制计划，那么，合同策划则是以业主选择发包采购及合同方式为依据确立建设工程的工作内容——分解编制的采购管理计划。

二、策划内容

合同策划书面文件通常包括封面、编制说明、合同策划一览表、招标实施计划表、附件等。

编制说明部分主要包括（1）介绍项目概况、建设进度要求及项目当前情况，项目管理组织中参与合同管理的人员安排、程序要求、工作内容、合作方式等；（2）提及策划编制依据（如管理投标文件、项目管理规划、扩初设计文件、概（估）算情况等及现行采购招投标、承发包管理政策文件）；（3）简要地归纳合同策划情况，如建设全程中有多少个合同，直接发包、邀请招标、公开招标的合同分布情况，主要合同包有哪几个，分年度签订合同情况等；（4）进行合同分类说明，表示咨询类、施工、设备材料供货及其他类合同分布情况等。这些内容也是对合同策划一览表与招标实施计划表的综合解释、说明。

组成附件主要指编制依据文件，如概算，建设进度总控计划、项目管理规划、建设单位合同文件审批管理规定等。如无特殊需要，一般也不用单独提供，因为合同策划的编审及使用（阅读）人员都是项目管理参与者，一般都很熟悉这些附件内容甚至都备有单独文本或电子稿文件。如在前期接洽项目或进行项目管理建议、管理服务投标时来编制策划内容，或是在扩初设计前就提供合同策划，应该附一份项目估算或项目总平面图，作为书面支持文件。视项目情况，附件要不要，要多少，最终由编制者决定。

策划主要内容当然是两个表，即《合同策划一览表》与《招标实施计划表》。两个表均提倡以横道图的形式来编制，也可采用其他形式如 PROJECT 表或 CAD 图等，但关键是表格要求清晰简单。如合同策划简表中宜直观地表示合同分类、合同分解项，大致合同金额、合同签订时间、合同形式、合同承发包组织方式等。

三、表式分析

以下表1、表2是合同策划简表及配套招标实施计划表的一种形式（注：历经项目管理实践，管理公司的合同管理部可能选用不同的修订版）。现时，更多管理公司宜要求或提倡在职的合约工程师们针对不同项目采用不同的，体现差异特色的表式，不必强调"单一"或局限于"单薄"。

在合同策划简表式中，主要反映合同分类、合同包名称、估计合同价及合同签约时间计划等，这些内容要与编制依据相关。合同分类为勘察、设计、咨询、施工、供货及其他，是按参建主体资质（承包性质）来划分的，与工程概算分类相通融。合同包是按工程建设内容来分解的，依据是扩初设计文本及同类建设管理经验，或当地建设规定等，如施工总承包合同包括建筑、安装及室外道路排水市政等。最主要的还是计划商签合同的时间，是依据项目建设进度总控计划来制订的，以建设总控计划为

合同策划简表 表1

计划商签时间 合同分类名称			估价（元）	20XX年				20XX年				20XX年			
				1	2	3	4	1	2	3	4	1	2	3	4
咨询类	1	项目管理													
	2	地质勘察													
	3	主体设计													
	4	专项设计1、2...													
	5	监理													
	6	……													
施工类	1	总承包													
	2	弱电													
	3	外幕墙													
	4	内装修													
	5	绿化													
	6	……													
设备材料	1	电梯													
	2	多联机													
	3	风冷热泵													
	4	灯具													
	5	洁具													
	6	……													
其他	1	白蚁防治													
	2	现场测绘													
	3	消防检测													
	4	……													

注：此表随项目进展动态进行调整。（附编制日期）

依据、相配套。能真正起到项目管理的预控作用，则需要有系统计划（即有总控计划，又有支持性的专业管理工作计划以及更多的下级操作性计划），且需要在实施过程中不断调整修正计划。因此，以上两表式的最下端均附注"此表随项目进展动态进行调整"提示。

相对在合同策划表编制完成后，在此基础上再来编制配套的招标实施计划就显得简便些。其分解内容主要集中在确定需要招标项目个数上。编制依据除合同策划分解内容外，还要按业主单位的管理要求并结合现行招投标法规、招标程序等。这份简表中最主要的内容，也是体现在"主要招标工作计划（可另附计划表）"中，要表现招标时间安排，以便保证发包、采购工作顺利展开，有序选定各参建单位，共同推动项目建设，保证建设进度总控计划落实。

四、编审组织

首先是参编人员分工。一般来说，合同策划可以归属项目管理规划范畴，是规划的组成文件之一，或称之为专业规划。编制的主要责任人应为项目管理公司所派出的项目部，其中以项目经理为协调人，主要编写者应定位在今后从事具体工作的合约工程师。合约工程师在编写过程中还需采纳各专业工程师的经验意见与建议。例如，在对专业设计的分解上，需要针对工程的复杂程度分解出二次设计内容。一般情况幕墙、弱电、景观需要二次设计大家都好理解，也不会有多大偏差，但如建设文体中心项目，还包括了舞台、灯光、声学设计，

招标实施计划表 表2

招标实施方案表				编码		编号		页码	
项目名称					项目（管理）类别				

		招标名称	方式			招标名称	方式				招标名称	方式	
			公开	邀请			公开	邀请				公开	邀请
一、招标项目分解	咨询招标	1 项目管理	√		施工招标	1 总承包	√		设备材料招标		1 电梯	√	
		2 地质勘察	√			2 弱电	√				2 多联机	√	
		3 主体设计	√			3 外幕墙	√				3 风冷热泵	√	
		4 专项设计1、2…	√			4 内装修	√				4 灯具	√	
		5 监理	√			5 绿化	√				5 洁具	√	
		6 ……				6 ……					6 ……		

二、招标工作内容
1.收集招标条件及依据；2.编制招标文件并报审；3.委托标底编制；4.组织投标报名；5.办理资格预审；6.发放招标文件；7.组织招标答疑；8.组织开评标；9.下发中标通知；10.处理招投标投诉；11.备案存档及其他

三、招标程序框图或说明（另附）

四、招标控制实施要点提示

五、主要招标工作计划（可另附计划表）
1.设计招标：　自　年　月至　年　月 2.总承包招标：　自　年　月至　年　月 3.……

六、项目参与人员及分工（随项目进度动态增加）

注：此表随项目进展动态进行调整。（附编制日期）

如管理污水处理厂项目包括分解工艺流程设计及专门机房设计，就必须结合设计管理或机电工程师的分析意见。因此，项目团队是共同编制合同策划的核心主体。这也是因为合同策划既属于专业计划也属于一个综合策划所决定的编审组织要求。表3表示参与编审合同策划的人员分工。

其次，就是审核组织问题了。通常项目的管理合同策划是由项目部编制的，此时业主已经委托管理公司进行项目管理，而且合同策划是项目管理规划的一部分。项目经理代表管理公司与业主方接触，可以决定具体事项。因此，由项目经理对合同策划进行审定符合实际情况。项目经理可以在初稿审定前组织项目部会议，或单独征询相关工程师（包括合同部经理）的意见而后再做决定。

合同策划上报业主后，有可能还要结合业主提出意见进行调整。

承接项目管理业务投标中，在技术标中要编制管理大纲，管理大纲中要吸纳"合同策划"或"招标方案策划"等。这种情况下，其审核则应另当别论。因为承接管理项目投标时，管理公司的主要领导是决策人，投标文件（包括合同策划等）的审核将会提交至公司相关部门（如经营部、总工程师室等）或公司分管领导审核。

最后，要提示项目合同策划的动态调整。合同策划因管理过程中执行偏差或依据工程进展情况进行纠正，也有因重大设计变更而调整的。如具体工程中，设计取消了气体灭火方式或增加了专业空调系统等，策划内容随之调整。总之，策划不能一蹴而就，要因工程实现情况

变化而适时调整，要将实际执行情况与策划内容进行比对，不断调整，才能起到预期效果。

五、提高建议

应该说，随项目管理的深入推行与更多试点，很多管理公司承接项目管理业务数量增多，合约工程师人数增多，管理力度加强及公司对各项目执行相关制度与工作质量检查力度也随之加大，合同策划工作应该普及在所有项目上，涉及每位合约工程师，且人人都能掌握应用。在执行过程中对合约工程师个人的工作能力有很大程度提高，对项目管理团队所有成员都是一种类似于"开宗明义"的环节。管理公司人才集中，资源优化配置，如果管理公司中已

序号	参编岗位	编写内容	参与程度	备注
		管理合同策划编审分工参考表 　　表3		
1	合约工程师	全面负责收集资料、熟悉项目情况、合同归类与分解、合同价估算、签订合同进度安排等，编写合同策划与招标计划初稿，组织内部交流，征询意见，报送项目经理及业主等所有工作	全面负责编制、报审	报备业主环节未列示
2	项目经理	提供建设总控制计划，组织资源协调，审查初稿，汇总意见及主持与业主沟通工作	资源协调、主持审核	
3	现场工程师、技术工程师、机电工程师	1.按管理专业分工，参与相应合同归类与分解，合同价估算等，提供签订相关专业合同进度节点需求 2.参与内部交流会议讨论，提供初审建议	编写配合，参与审核	
4	前期工程师、资料员	1.编写前期报建、后期竣工报验的合同归类与分解 2.提供扩初文本资料、项目建议书等相关资料	编写配合，提供资料	
5	合同部经理	1.指导合约工程师编写并参与初稿审核	作业指导，参与审核	

经有专兼职合约工程师数人，在管理建设项目数个，就合适利用合同策划，在有序中实施总体合同系统控制，且可以做到娴熟运用。

提及合同策划的改进提高，一方面是促进更深入地进行合同管理方式、手段的提高，如合同策划版本的改进及推动投资管理方面（涉及年度投资计划编制、投资结算预估计表编制都可以成为合约工程师的必备技能）。另一方面是就从工程经验积累方面入手，依据公司承接项目的分类，可以组织开展分类项目的合同策划模板的编撰，模板可供后续同类项目应用，以提高工作效率，特别是有的公司自主开发有信息平台，合同策划可以共享，增加团队的关注程度，以共同提高管理水平。

一事一时成效微，但思索、提炼与积累，将会真正促进工作质量、提升效率。在项目管理的发展推进中，要提倡经验共享与"传、帮、带"，项目管理公司中，项目经理、合约工程师还有更多工程师实际上在一个或几个项目上共同工作，管理协调各参建单位共同完成项目建成，只有规范的项目合同策划，才能真正有效地控制发包与采购工作有序规范运作，也有利于管理经验的不断积累及管理水平提升。

项目管理承包（PMC）模式在老挝南塔河1号水电站建设管理中的应用

四川二滩国际工程咨询有限责任公司　曹勇

摘　要：随着国家"一带一路"战略的深入推进，中国企业投资的国际工程项目快速发展，带动了中国资金和产能的输出。由于国际工程项目面临的政治、经济、社会环境和自然条件等差异，项目实施风险高，组织管理难度大，投资企业要在短时间内组建一个高效的国际工程项目管理团队面临较大困难。老挝南塔河1号水电站项目建设管理采用"项目管理承包(PMC)模式"，按国际惯例通过市场招标向工程咨询公司采购成建制、专业化项目管理团队提供服务，较好解决了该项目建设管理面临难题。本文对南塔项目的PMC模式及业主工程师的工作做了简要阐述，希望借此为其他类似项目的开发建设提供些许借鉴。

关键词：老挝南塔河1号水电站　建设管理模式　PMC　业主工程师

一、引言

项目管理承包（Project Management Contract，英文缩写PMC）是国际上较为流行的一种工程项目建设管理模式。选用该模式管理项目时，业主会在项目建设初期，选择技术力量较强，工程管理经验丰富的国际工程公司作为该项目的管理承包商，与之签订项目管理承包（或服务）合同。在这种项目管理模式下，业主方面仅需保留很小部分的基建管理力量对一些关键问题进行决策，而绝大部分的项目管理工作都由管理承包商来完成。另外，由于这些从事项目管理服务的承包商因其作为工程项目建设管理的专家，他们在帮助投资企业项目取得融资、增强投资方信心上也会起到重要的助推作用。

近年来，随着国家"一带一路"战略的深入推进，中国公司加快了国外项目开发建设的步伐，国外工程建设市场因此得到快速扩张。由于国外项目的工作生活条件大多异常艰苦，并且对项目管理的水平和效率要求比国内更高，许多中国投资公司难以在较短的时间内，扩招到适合国外项目工作需要的高端工程管理人才，因此大都采用聘请专业的工程咨询公司提供项目管理服务的方式，配套解决企业国际战略急剧扩张带来的管理需求。

南方电网国际有限责任公司（以下简称"南网国际公司"）是中国南方电网公司的全资子公司，主要负责南方电网公司国际化战略的实施。老挝南塔河1号水电站是南网国际公司与老挝国家电力公司（EDL）以BOT方式共同投资建设的水力发电项目，项目总投资4.47亿美元，建设期4年、运营期28年。双方出资比4：1，共同注资成立老挝南塔河1号电力有限公司负责本项目的建设和运营。电站位于老挝境内湄公河的一级支流南塔河（Nam Tha）上，总装机容量168MW。

由于南塔河电力公司水电项目的建管经验不足，仓促之下也很难组建一个好的管理团队。另外，考虑到大量招聘人员不仅会使公司管理费用增加，也会带来项目建成后人员安置等实际问题。鉴于此，经母公司南网国际公司批准，南塔河公司经过慎重研究，以实事求是、勇于创新的精神，按照国际惯例引入市场化项目管理服务模式，通过公开招标引进了专业化的工程咨询公司——四川二滩国际工程咨询有限责任公司为本工程提供项目管理服务。

二、老挝南塔河1号水电站项目的建设管理模式

老挝南塔河1号水电站项目建设管理实行"PMC模式"，由项目管理单位（二滩国际公司）组建现场项目管理机构（简称"业主工程师或PMC"），代表项目公司履行项目实施阶段的建设管理工作（征地移民工作另行委托）。业主工程师负责提出工程建设管理体系搭建方案，并在建设阶段受项目公司委托，全面负责对各参建单位（包括设计、监理、设备供应商、施工承包商）建设活动的日常管理，组织完成工程建设，实现项目投资建设各项目标。业主工程师的工作范围涵盖南塔河1号水电站项目的主体建安及配套交通、送出工程；工作内容包括工程建设过程中技术、质量、进度、投资、安健环的组织、协调、监控和管理以及为项目公司各部门的日常工作提供支持和服务，同时协同项目公司工程部负责处理与老挝政府及老挝电网公司（EDL）之间的外联和协调事务。

项目公司主要工作是负责重大技术方案决策和确定重要的技术指标、里程碑节点，同时进行外部建设环境及相关各方关系的协调以及生产运行准备等。项目公司对业主工程师的工作进行监督和考核。业主工程师的管理行为接受项目公司的监管和领导，处理事务分常规事务和特殊事务。常规事务业主工程师可以直接决策、执行，同步抄报项目公司。特殊事务指需由项目公司决策的事务，具体指涉及（但不限于）设计变更、合同结算支付和变更处理、年进度计划、总进度计划及阶段性进度计划批复、投资计划、产生费用的管理行为（如出差、会务）等，特殊事务需报项目公司批准后方可执行。

三、南塔河项目PMC模式下业主工程师的工作

南塔项目业主工程师的工作也是传统意义上由项目业主承担的工程建设管理工作，具体包括设计管理、机电设备管理、安健环管理、质量管理、进度管理、投资管理、沟通和协调管理以及对项目公司工作提供支持和服务等方面。业主工程师对施工承包商的监督和管理通过监理机构实现，监理机构的工作接受业主工程师的监督和管理。

（一）设计管理

业主工程师代表项目公司，对设计单位的设计工作进行日常监督、管理和协调。业主工程师设计管理方面的工作主要包括：

（1）设计文件审签和设计变更管理：接收设计单位提交的设计文件，组织业主工程师及项目公司相关部门进行设计文件审签。对通过审签的设计文件送达监理单位签发执行。设计文件审签的重点是核查设计文件是否符合设计协议和施工合同的技术要求、设计方案是否符合规范要求、是否合理可靠可行、是否涉及设计变更或导致施工变更。对于重大设计方案（或现场难以决策的设计议题），可以邀请参建各方专家或外部专家，召开专题咨询会议或审查会议。业主工程师再根据会议成果和项目公司决策意见，督促设计院对设计方案进行修改或完善。

对于涉及较大或重大设计变更的，业主工程师还要从技术、经济、合同等方面对设计变更的可行性、合理性、必

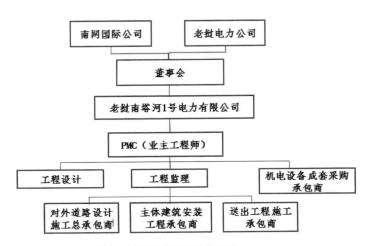

图1　老挝南塔河1号水电站项目建设管理关系图

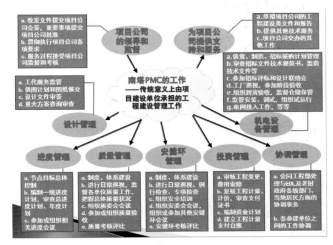

图2　南塔项目业主工程师的工作

要性进行分析，向项目公司提出初步审查意见或建议，并按照项目公司设计变更管理流程组织进行相关审批。

（2）设计产品供应管理：组织制订设计产品（包括设计图纸、设计技术要求、招标文件、设计报告等）供应计划，督促设计单位投入足够资源，按照合同约定和供应计划，及时提供满足现场施工需要的设计产品。

（3）设计现场工代服务管理：督促设计单位按照设计协议派驻现场代表人员，并检查考核设代工作质量。

（4）设计工作考核：按照设计协议规定，对设计工作进行考核、兑现。

（二）机电设备管理

南塔河1号水电站的机电设备委托南网国际公司成套采购供应。业主工程师代表项目公司负责对机电设备成套供应商的工作进行协调、监督和管理，同时负责现场机电物资实物管理和供应商服务管理，其主要工作包括：

（1）供货、招标采购计划管理：协助项目公司签订成套采购供应合同，根据成套采购合同和主体建安施工合同，组织设备成套供应商、设计、监理及施工单位商讨形成机电设备供货计划及招标、采购工作计划。督促设计院按时提供招标文件，监督设备成套供应商按计划组织设备的招标、采购、制造、运输工作，确保设备质量和供应进度满足现场安装、调试需要。

（2）审查采购招标文件的技术规范书，参加招标评标和设计联络会。

（3）参加工厂巡视和重要的阶段验收。

（4）组织设备供应商和厂家参加监理主持的到货验收和开箱验收，监督现场仓储保管工作。

（5）监督设备安装、调试，组织机组试运行工作。对机电专业重大方案和设备重大缺陷处理方案提出审核意见或建议。

（6）机组试运行结束后，负责组织安装单位向运行单位分批次移交机电设备、备品备件、专用工具和资料。

（7）业主工程师是现场机电物资供货商售后服务的归口管理部门，具体负责机电物资供货商现场服务计划审核、服务人员的现场管理以及对机电物资供货商的沟通协调。

（三）安健环管理

安全、职业健康和环境管理是业主工程师的重要工作。南塔河1号水电站项目的安健环管理由项目公司牵头进行，项目公司工程部是安健环工作的归口管理部门。业主工程师在项目公司安委会及其办公室（工程部）的领导下，具体负责整个项目的安健环监管工作，其主要工作内容包括：

（1）协助项目公司构建项目安健环管理体系，并保持其有效运行。

（2）安健环检查。业主工程师的安健环检查方式包括日常巡视检查，参加周月度例行检查，组织进行季节性检查、防洪度汛检查及其他专项安健环检查。通过检查作业现场"三违"情况及安全隐患问题等，督促监理机构组织承包人限期整改、落实。

（3）协助项目公司工程部组织召开项目安委会会议，起草安委会文件，监督相关参建单位落实安委会决议。

（4）组织、监管南塔项目的安全教育培训工作。

（5）组织项目安健环评比考核。

（四）质量管理

业主工程师受项目公司委托，代表

项目公司在合同授权范围内，对各参建方的质量工作进行监督和管理，其主要工作如下：

（1）组织编制本工程的质量管理办法和奖罚细则。

（2）贯彻落实工程建设质量目标。

（3）组织审签设计文件，监督设计产品质量和工代服务质量。

（4）监督核查监理、施工（安装）、设备采购及制造等单位的质量行为及工程实体质量，发现问题及时采取纠正措施。

（5）参加建筑物基础验收，重要隐蔽单元工程、关键部位单元工程验收及分部工程验收，见证监理工程师主持的重要、关键项目质量检查和试验。

（6）组织开展单位工程验收、合同工程完工验收、各类阶段验收，国家法规、规范规定的除建设征地、移民安置、环境保护、水土保持、竣工决算以外的各类专项验收以及竣工验收。

（五）进度管理

工程进度计划通常采用分级管理。本项目的进度计划分级如下，依次为：工程里程碑节点、一级进度计划、施工总进度计划、年度施工进度计划、月度施工进度计划和周计划。原则上下一级进度计划必须服从上一级进度计划。上、下级进度计划发生矛盾时，首先调整下一级进度计划；当下一级进度计划调整难以满足上一级进度计划要求时，应通过原审批程序及时调整上一级进度计划。业主工程师的进度管理是通过动态控制进度计划的关键节点目标来实现的，其主要工作包括：

（1）里程碑节点通常在施工合同中已经确定。合同执行过程中如出现偏差（提前或延后），需要调整里程碑节点时，则由业主工程师组织编制，报项目公司批准后执行。

（2）根据批准的里程碑节点，细化编制项目一级进度计划，报项目公司批准后执行。

（3）审查承包商提交经监理审核的施工总进度计划、年度施工计划，报项目公司批准后执行。

（4）参加周、月生产例会和专题协调会，即时掌握工程进度信息并在项目公司信息平台上发布，总体掌控重要节点目标的执行情况。

（5）跟踪检查设计单位的图纸供应情况、机电成套采购单位的设备采购制造供货情况、监理单位的进度控制情况、施工单位的进度执行情况，协调各参建单位之间进度问题。

（六）投资管理

业主工程师正式介入南塔河1号水电站项目管理时，项目的设计合同、监理合同、机电设备成套采购合同以及主体建安、配套交通工程设计及施工、送出工程施工等主要合同均已签订，并且设计合同、监理合同、主体建安合同、配套交通工程设计和施工合同均为总价合同。因此，业主工程师投资管理的主要工作就是执行好这些已经签订的合同，投资控制的目标就是不突破合同的签约价格。业主工程师在本项目投资管理上的主要工作包括：

（1）制定《工程价款结算支付和变更索赔管理办法》，由项目公司发布施行。

（2）参与原始地形和土石分界线测量，复核监理机构的工程计量和计价，审核监理机构签发的支付证书，办理设计合同、监理合同、机电设备成套采购合同的价款结算，建立工程计量及合同价款结算支付台账。

（3）审核处理变更/索赔，做好工程变更/索赔管理。

（4）编制工程建设类资金预算计划。

（5）积极推行设计优化、施工方案优化，合理节约工程造价。

（6）强化项目管理人员全员、全过程合同管理意识与法律意识，合理控制设计变更和工程变更，有效避免业主违约和承包商索赔，合理控制工程投资。

（七）沟通和协调管理

业主工程师在沟通和协调管理方面的主要工作包括：

（1）会同项目公司建立适应于本项目的沟通管理体系和管理程序，制订管理计划，采取适当的沟通方式和手段，建立与上级单位、老挝政府及参建单位的沟通、协调机制。

（2）以定期例会和不定期专题会作为各参建单位之间的日常沟通、协调平台。业主工程师在授权范围内代表项目公司处理各参建单位之间的沟通、协调事务，不断强化各参建单位的履约意识，建立并保持"四位一体"的良好合作氛围。

（3）配合项目公司职能部门处理与上级单位、老挝各级政府、当地居民以及与老挝电网公司（EDL）之间的沟通和协调事务，草拟报送上级单位、老挝政府及EDL的工程建设类文件和报告，为项目公司对外沟通、协调提供技术支持。

四、南塔河项目PMC管理模式取得的实效

南塔河1号水电站对外道路工程2014年3月开工，主体工程和115kV送出工程2014年11月开工，业主工程

师于2014年10月正式驻场开展工作。驻场初期，业主工程师一边着手构建本项目的工程建设管理制度体系，一边组织参建单位积极创造开工条件，迅速启动工程施工。参建各方克服了东南亚热带丛林的严酷自然条件，和施工现场极其简陋的工作生活条件，各项工作在较短的时间内步入正轨，工程建设迅速取得了一个又一个辉煌的成绩。2014年4月1日，导流洞胜利贯通；5月25日，对外公路提前通车；6月30日，送出工程画上圆满句号；11月6日，比合同工期提前一年实现大江截流，预计水库蓄水、首台发电工期也将相应提前一年。工程质量和安全管理方面，也得到了老挝政府和股东单位南网国际公司的充分肯定。南塔河项目建设管理有序、高效，工程建设成绩斐然，借此也为项目公司赢得了上级单位授予的诸多荣誉。

五、其他建议

由于本工程的项目管理服务是在项目可行性研究完成后才介入，项目招标已经基本结束，没有完全按照国际惯例将项目管理服务范围覆盖项目全生命周期、全过程，项目管理服务的介入时机还应尽可能向可行性研究、立项、招投标阶段等产业链的上游环节延伸，以利于进一步提高项目开发的工作效率和投资收益。另一方面，南塔河项目的机电设备采购采用了委托供应商成套采购的总包供货方式，因此，业主工程师没有组织庞杂的机电设备招标采购商务工作，也没有组织具体的设备制造、运输、报关和清关工作，南塔河项目业主工程师的工作范围比通常意义的项目管理服务有所缩减，今后还有进一步拓展的空间。

"营改增"对监理企业的影响及建议

山西省煤炭建设监理有限公司　毋亮俊

摘　要： 随着我国的税收制度的不断完善，为解决目前营业税征收过程中存在的重复征税问题，2016年3月18日，国务院常务会议审议通过了全面"营改增"试点方案，明确自2016年5月1日起，全面推开"营改增"试点，将建筑业、房地产业、金融业、生活服务业纳入试点范围。其中，监理企业作为被纳入现代服务业中的鉴证咨询类企业，必然面临着"营改增"政策所带来的一系列财务及税收等方面的影响，如何有效应对该政策所带来的影响，这是监理企业值得深思的一个问题。本文以某监理企业的数据分析为依据，分析营改增政策对监理企业的影响，同时对监理企业提出相应的建议。

关键词： "营改增"　监理企业　影响　建议

一、引言

营业税改征增值税（以下简称"营改增"）是指以前缴纳营业税的应税项目改成缴纳增值税，增值税只对产品或者服务的增值部分纳税，减少了重复纳税的环节，实现增值税税制下的"环环征收、层层抵扣"，从而进一步减轻企业赋税，调动各方积极性，促进服务业包括监理企业的发展，也是结构性减税的一项重要措施。随着"营改增"

税改的"增"与"减"

在全国的展开，监理企业作为生活服务业中的鉴证咨询服务类的一个组成部分纳入"营改增"试点，一般纳税人适用税率为6%，小规模纳税人征收率为3%，面对"营改增"政策对监理企业带来的征收率的变化、财务管理、会计核算、税收等方面的影响，监理企业如何根据自身特点进行分析并采取有效措施应对新政策所带来的影响，是摆在监理企业面前的一个现实问题。

二、"营改增"对监理企业的影响

（一）"营改增"对监理企业财务的影响

1. 对监理企业资产总额的影响

"营改增"政策的实施在一定程度上降低了监理企业的资产总额。"营改增"政策实施前，由于营业税是价内税，监理企业购置的固定资产、低值易耗品、仪器器材等资产总额为取得发票上的全部金额。而"营改增"后，由于增值税是价外税，监理企业购置的固定资产、低值易耗品、仪器器材等资产的金额是按取得的增值税专用发票上的金额扣除进项税额，这部分资产的账面价值不含增值税，比按营业税核算时取得的资产总额要低，从财务核算角度上讲，"营改增"后监理企业的资产总额较之前下降。下面以举例及饼形图的形式说明"营改增"对监理企业资产总额的影响：

某一般纳税人的监理企业购置 100 万的固定资产，在"营改增"前，固定资产的入账价值为 100 万；"营改增"后，固定资产的入账价值为 85.47 万元 [100/(1+17%)=85.47]，较营改增前减少的资产总额为 14.53 万元 [100/(1+17%)×17%=14.53]，该金额为购置固定资产取得的增值税专用发票上的进项税额。（具体图示如图 1）

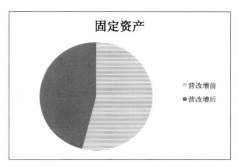

图1　监理企业"营改增"前后资产总额的影响

2. 对监理企业收入及利润的影响

"营改增"政策的实施在一定程度上降低了监理企业的营业收入。"营改增"政策实施前，监理企业核算营业收入主要依据监理项目的合同价格，根据合同价格乘以相应的营业税率计算出该项目的营业收入，而"营改增"政策实施后，由于业主在合同谈判上占有主动权，相同标的物的合同价格变化不大，监理合同总价变为含税价格，企业的营业收入将比"营改增"之前要低。而且在现实中，部分采购及业务存在客户可能无法出具增值税专用发票，使得监理企业获得的可抵扣进行税额非常有限，从而使监理企业实际抵扣的进项税额小于理论上可抵扣的进项税额，导致监理企业多缴纳增

值税，监理企业的成本增加，实现的利润总额相应减少。下面以举例及折线图的形式说明"营改增"对监理企业资产总额的影响：

某一般纳税人监理企业某年签订监理合同总价为 10000 万元，假定所签订的监理项目均符合收入的确认条件，并且合同总价为含税价，"营改增"前，理论上企业的营业收入应为 10000 万元；"营改增"后，理论上企业的营业收入应为 9433.96 万元 [10000/（1+6%）=9433.96]，较"营改增"前减少的营业收入为 566.04 万元 [10000/（1+6%）×6%=566.04]，该金额为增值税体制下价税分离影响的金额。（具体图示如图 2）

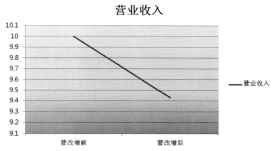

图2　监理企业"营改增"前后营业收入的影响

3. 对监理企业营业成本的影响

营改增政策的实施在一定程度上降低了监理企业的营业成本。一般监理企业发生的营业成本中大部分还是人工成本、现场项目成本等，其中人工成本比例较大，大约占 60%，而且大部分成本无法获得增值税发票，不能产生可抵扣的进项税额，而现场项目成本大多都是差旅费，也产生不了进项税，可产生进项税额的主要是采购办公用品、车辆油耗等，由此可见，监理项目成本中能够抵扣销项税的比例很低。"营改增"政策实施前，监理企业核算的成本依据主要是自制的内部人工成本、外部取得的开具的营业税、增值税普通发票的业务成本等，由于不存在抵扣的问题，以取得的发票金额归入"营业成本"进行核算。"营改增"政策实施后，除了人工成本没有发生变化外，外部取得的发票除了税法规定不能抵扣的项目及出差的车票、机

票外,项目部的日常办公采购、车辆运行维护等基本上均可以取得增值税专用发票,监理企业在核算营业成本时,以增值税专用发票上的扣除增值税以外的部分归入"营业成本"进行核算。在一定程度上,监理企业的营业成本较以往有所降低。

如:一般纳税人的监理企业某年发生人工成本为5000万,住宿费500万元和汽油费1000万元。"营改增"前,计入成本应为6500万元(5000+500+1000);"营改增"后,计入成本应为6326.4万元[5000+500/(1+6%)+1000/(1+17%)=6326.4万元],注:由于住宿业为现代服务业,一般纳税人适用税率为6%),较"营改增"之前减少了成本14812.93元,该金额为增值税体制下价税分离影响的金额。(具体图示如图3)

回,必然在当期要垫付营业税50万,附加税(城建税、教育费附加、价格调控基金)5.75万,综合税率为5.6%;"营改增"后,业主为了获得更多的进项税额来抵扣,一般会要求监理方按合同价开具发票,而监理费的付款方式却是分次或多次,这种情况下无疑给监理方加剧了资金周转的困难,监理方要垫付给业主开具发票未收回监理费所产生的增值税56.6万,附加税(城建税、教育费附加、价格调控基金)6.51万,综合税率为6.69%,较之"营改增"前要多垫付税金及附加7.36万,垫付现金流的比率为13.2%,对于目前经济形势不景气的监理企业来说是个不小的压力。(具体图示如图4)

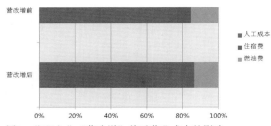

图3 监理企业"营改增"前后营业成本的影响

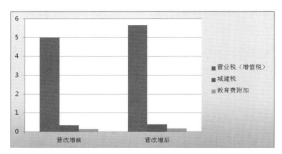

图4 监理企业"营改增"前后现金流的影响

4. 对监理企业现金流的影响

在实际业务中,监理企业一般按照签订合同项目的完工进度确认收入并收取监理费。一般情况下,监理企业都是先给客户开具发票挂账,随着合同约定的工程进度才能收回监理费。但事实上,监理费收回大大滞后于工程施工进度的情况屡见不鲜,在这种情况下监理企业不仅要垫付监理项目的人工成本,还要垫付给客户开具发票未收回监理费所产生的增值税、所得税及附加税,给企业现金流带来沉重的压力。下面以举例及柱形图的形式说明"营改增"对监理企业现金流的影响。

某监理企业给业主开具发票1000万元挂账,"营改增"前,业主一般在监理方开具发票的次月付款,基本对监理费的回收影响不明显,但是只要监理方给业主开具发票,无论款项是否收

5. 对监理企业会计核算科目的影响

在"营改增"实施之前,监理企业的营业税金科目的核算通过"应交税费-应交营业税",月末把营业税及以营业税为依据计提的附加税直接计入"营业税金及附加",对当期损益形成直接的影响。在"营改增"实施之后,监理企业的税金科目由以前的营业税改为增值税来核算,企业会严格按照自身的实际情况设置科目,一般通过"应交税费-应交增值税"及"应交税费-未交增值税"两个二级科目,同时还设置已交税金及转出多交增值税等三级明细科目来辅助核算,月末一般纳税人的监理企业直接按照"应交税费-应交增值税"下的"销项税额"和"进项税额"两个明细科目的差额来计算缴纳增值税,当期的增值税不在损益类科目中反映,缴纳增值税额的

大小，不会影响当期利润情况，唯独以增值税为依据计提的附加税计入"营业税金及附加"，对当期损益形成直接的影响。

6.对监理企业财务分析的影响

由于增值税进项税额的抵扣制度，监理企业可以获得增值税专用发票的部分采购业务成本的降低将降低企业的营业成本，新购置固定资产账面价值的降低会减少其折旧费用，也会降低营业成本。由于增值税的财务账务处理与以前营业税的会计核算方法不同，实行"营改增"后给企业部分资产的账面价值、营业税金及附加等科目带来一定的变化，影响企业各财务报表的数据结构，从而影响企业的财务分析数据。

7.对发票使用和管理的影响

"营改增"后，由于涉及进项税额的抵扣问题，监理企业的发票管理不同于以往，如何获得发票、发票如何开具、需要开具发票的信息、开具发票的注意事项、发票的作废与红冲等都有别于营业税时代的发票管理，而且税务部门对增值税发票的开具、使用、管理等各个环节都非常严格，尤其对进项税额抵扣环节的增值税专用发票，税务部门的管理和稽查更加严格，因此监理企业要做好对发票

使用和管理的工作，避免出现虚开、违规使用增值税发票的行为。

8.对财务人员的业务素质的影响

"营改增"后，监理企业账务处理流程和会计核算发生巨大的变化，如税制衔接问题、税收核算、会计核算及所得税汇算清缴、财务报表信息披露、税额抵扣和缴纳等较以往都有所不同，同时也对财务人员的素质提出更高的要求，因此监理企业要正视过去采用的简易核算方式，加强对现行增值税抵扣核算方式的学习，提高财务人员的业务素质。

（二）"营改增"对监理企业的税务方面的影响

1.对监理企业税负的影响

"营改增"政策实施前，监理企业是以营业额为基准缴纳5%的营业税，为价内税。"营改增"政策实施后，一般纳税人的监理企业缴纳的增值税的税率为6%，小规模的监理企业则按3%的征收率进行征收，无论一般纳税人还是小规模的监理企业缴纳的增值税均为价外税。但是对于一般纳税人监理企业来说，增值税应纳税额为当期销项税额抵扣当期进项税额后的余额，也就是说增值税是对流通环节中的增值部分征收。增值

某监理企业收入成本清单			表1
项目名称		"营改增"前	"营改增"后
主营业务收入		1477.37	313.36
成本	人工费用	526.22	398.53
	其他费用	199.34	38.98
	折旧费用	18.13	17.6
	福利费用	0.34	2.32
	招待费	0	0.41
	差旅费	0.53	5.55
	财务费用	0.07	0.13
	税金及附加	86.49	2.32
	成本合计	831.12	465.84
	人工占比	63.31%	85.55%
	费用占比	36.69%	14.45%
	可抵扣成本占收入比	23.98%	8.37%
	税负率	5%	4.44%

税纳税人的税负很大程度上取决于进项税额，假设"营改增"后监理企业提供监理服务的增值税税率为6%，应税收入为A，可抵扣成本占应税收入的比例为B，"营改增"后，则有：

应纳增值税＝销项税额－进项税＝A/(1+6%)×6%－A/(1+6%)×B×6%＝A×(0.0566－0.1453B)；

税负率＝应纳增值税/应税收入＝0.0566－0.1453B

若应缴纳的增值税等于原来营业税制下应缴纳的营业税，即：A×(0.0566－0.1453B)＝A×5%，则增值税和营业税税负率相同的临界点为：B＝0.0454。即当监理企业可抵扣成本占应税收入的比例为4.54%时（临界点），增值税税负率是5%，同营业税税负率一致。根据上述公式可知，当可抵扣成本占应税收入的比例小于4.54%时，增值税税负率高于营业税，而当可抵扣成本占收入比例大于4.54%时，增值税税负率反而小于营业税税负率。

表1以某一般纳税人监理企业"营改增"前后两个月的收入成本分析税负的影响。

从上述分析可以看出，该监理企业"营改增"前后的税负率明显的下降，下降比例为0.56%，而且可抵扣成本占收入比例大于增值税和营业税税负率相同的临界点4.54%时，增值税税负率明显小于营业税税负率，真正体现了国家实行"营改

增"的目的，为监理企业起到了减税的作用。

2. 避免了重复征税的现象

全面实施"营改增"以来，将"营改增"试点范围扩大到建筑业、房地产业、金融业、生活服务业，将使中国形成全产业链的税收体系，避免了重复征税，有利于各行业降低税负。本次"营改增"实际上将影响所有行业的企业，因为所有行业在经营时都需要购买或使用房地产服务、金融服务、保险以及生活服务。这意味着，传统的制造业、批发业和零售业消费这些服务时可以获得更多的进项税，当然监理企业也不例外。监理企业在以营业额为基准计算缴纳营业税时，容易出现所缴纳的营业额度把上一环节已经缴纳的税额计入相关的基数中，从而导致纳税人发生重复纳税的现象，重复纳税不仅使纳税人的税负加重，还使我国的税制在一定程度上既不公平又无效率，如果从生产到消费产生的环节越多，纳税人的税负就越重，而营业税改征增值税则改变了这一状况，仅仅对生产经营活动中的增值部分进行征税，避免了重复征税的现象。因此，监理企业在实行"营改增"后，由于企业是以增值额为基准进行计算税负，仅对一个单独环节的增值额进行纳税，在一定程度上不仅简化了核算过程，而且真正地为企业降低了税负。

3. 体现国家对监理企业的税收政策支持

我国在"营改增"的试点工作上，将监理企业作为现代服务业的一部分纳入试点范围，不仅是出于减少现代服务业的缴纳税率，避免企业重复纳税与优化税制结构上考虑，其根本原因在于推动我国现代服务产业进行新一轮的结构调整。我国的监理企业面临着"责任大、地位低、利润薄"的窘境，我国的国民经济平均产值与西方发达国家相比有很大的差距，因此，加大对包括监理企业在内产业支持力度已经成为我国经济转型的

一个亮点。监理企业只有抓住国家政策的支持与市场上的需求，利用此次国家在税费方面的改革，加强企业在经济业务方面的能力，提升在多变的市场中的竞争力，把企业做强做大才能够在复杂的市场环境中生存下去。

三、监理企业应对"营改增"政策的建议

（一）加强对外签订合同的规范管理

"营改增"政策实施以来，监理企业在进行日常招标及投标的工作中，可以将"营改增"政策的实施作为企业谈判的有利条件，也就是可以将监理费适当地提高，根据实际情况的需要转变监理费相应的计算规则，并在对外签订监理合同时，在相应的合同条款中对增值税发票的开具进行规定，明确双方责任义务，约定合同价格是否含税，即使合同价不含税，产生的税负由谁来承担等。"营改增"后，一个经济合同中可能包含多种税率的项目，此时一定要在合同中明确不同税率项目的金额，清楚地根据交易的实质描述具体服务内容，以免到时候与税务机关对不同税率服务的实质内容和金额产生争议，带来税务风险。

（二）增强监理企业的成本管理工作

监理企业在实行"营改增"政策之后，之前的成本核算已不再适应当前的政策变化，成本构成和税金核算也相应地发生变化，同时进项税额的抵扣情况不仅对实际成本产生一定的影响还会对监理企业的经营模式及相应的市场行为等方面造成一定的影响。"营改增"政策的实施，促使我国的监理市场进一步规范化、科学化，有利于监理企业实现更规范化的管理，促使企业更大额度的进项税额抵扣的实现。如：监理企业发生的日常的采购业务、服务等，尽可能地选取具有一般纳税人资格的企业，这样就可以取得 17% 的进项税额。因此，我国的监理企业应按增值税"价税分离"的要求进行核算，对人工成本、项目费用、其他费用等成本费用项目，均以不含增值税的金额计入营业成本中。

（三）提高监理企业的税务核算水平

我国的税收政策中明确规定，纳税人如果在销售货物、提供劳务等应税服务时出现不同税率、征收率的情况时，通常要根据不同的税率进行分别核算，如果不能实现分别核算，要适用从高税率。因此，监理企业要认识到自身的特点，对自身业务进行科学重组，避免出现由于核算混乱而导致的税负增加的情况。

（四）制定科学的会计核算制度，防范会计核算变化带来的风险

"营改增"后，监理企业的会计核算也相应地发生了变化，由于增值税特有的价税分离的性质有别于营业税，两种税制下企业营业收入、成本的核算是有区别的，监理企业要严格按照企业会计准则、会计制度及税法的要求进行相关业务处理，结合自身经营特点合理选择会计政策，按照增值税的相关要求设置会计科目，并根据实际情况设置相关账户以及必要的辅助表，做好纳税工作和会计核算工作的衔接，同时还要修改调整相应的企业财务管理制度及会计核算办法，做好"营改增"后的新的会计核算工作，防范新税制对企业会计核算变化带来的风险。

（五）加强对增值税发票的管理，防范发票管理舞弊风险

由于增值税发票的获得、开具、传递、作废、管理及真伪鉴别都区别于普通发票，因此监理企业在实行"营改增"政策后，要重视对增值税发票的取得、开具和保管环节的日常管理工作，不仅需要财务部门给予重视，在开具和传递等各个环节的参与者都要高度重视。如，在发票取得环节要明确哪些单位是一般纳税人；哪些是小规模纳税人以及是否能够开具增值税专用发票；把控什么类型的业务可以取得增值税专用发票；什么类型的业务只能取得增值税普通发票等。同理，在发票开具环节掌握什么类型的企业可以开具增值税专用发票，什么类型的企业不能开具；发生跨期退票业务如何处理等。发票的存根联如何保

存及管理，都是需要监理企业提升日常财务管理水平。监理企业可以结合自身的实际，制定出适合自身的《增值税发票管理规定》，严格按照"营改增"政策规定制定发票开立、领用、使用和核销的管理制定，做到定期或不定期自查和抽查工作，有效防范发票管理舞弊。

（六）加强对财务人员的业务培训，提高其业务素质

监理企业在日常工作中，可以安排组织会计和涉税人员参加相关税务知识的辅导培训，通过不定期的培训工作，提高企业内部财务人员的理论知识，增强处理"营改增"相关业务的能力，同时企业的财务人员和涉税人员应不断地完善自身的专业结构，确保自己能理解并运用"营改增"的相关政策，做好企业会计核算和纳税管理工作，尽量降低企业涉税风险，以保证企业经营活动的顺利进行，避免不必要的成本发生，提高企业竞争力。客观地来讲，涉税业务对专业的能力要求很高，一支专业素质过硬的人才队伍不可缺少，对于监理企业来说，在涉税人才的选用方面还需要深入研究，重视对人力、物力的投入。在目前实行的增值税的规定要求中，有些项目与事项属于不可以抵扣的范围，这些都需要企业内部高层管理人员与财务人员对国家的税收政策十分的熟悉，才可能在相关的业务中做到准确的判断，并且将风险合理规避，从而降低企业的税收额度，提高企业的资金利用空间。

四、结论

"营改增"政策的出台和实施标志着我国税制改革进入一个新的历程，监理企业在"营改增"实施的工作中不仅享受到政策所带来的福利，同时对企业的财务、税务工作带来一些机遇和挑战，虽然不能解决企业财务、税收领域的全部问题，但总体来看，对监理企业的影响还是利大于弊的。如果监理企业根据自身的经营特点、财务状况、发展前景、战略目标等来制定适合自身的一些举措，有效应对"营改增"政策对企业带来的影响，从而更好地适应并运用新政策做好财务和税收工作，在合法合规的前提下通过税收筹划工作来达到节税、减税的目的，使我国监理企业走上可持续发展的道路。

参考文献

[1] 唐九红.浅谈"营改增"对建设监理企业的税收影响[J].当代会计，2015（10）.

[2] 阮凤霞，"营改增"对施工企业会计核算的影响及对策[J].企业改革与管理，2015（4）.

[3] 叶坚."营改增"税制改革对企业税收的影响[J].财经界（学术版），2014（2）.

[4] 王卫强.对"营改增"试点下企业财务工作的思考[J].新会计，2012（09）.

[5] 谭思奇，邵俊岗."营改增"下建筑装饰施工企业税负的影响因素及应对方法.工程经济，2016（6）.

[6] 马帅."营改增"对建筑业的影响及应对建议.工程经济，2016（5）.

[7] 李雪.浅谈"营改增"对房地产企业的影响及应对措施.中国集体经济，2016（9）.

浅谈监理日常工作方法的创新

核工业第七研究设计院建设监理公司　郭俊煜

摘　要： 本文结合监理工作的实际经验，阐述了在监理工作理念、监理例会召开、施工方案审查、监理日常检查验收、监理资料制作、发现问题反馈、安全管理活动等方面，不断地进行思路创新、工作方法创新，以提高监理工作水平的方法。

关键词： 工程监理　日常工作　方法创新

建设工程监理是指工程监理单位受建设单位委托，根据法律法规、工程建设标准、勘察设计文件及合同，在施工阶段对建设工程质量、造价、进度进行控制，对合同、信息进行管理，对工程建设相关方的关系进行协调，并履行建设工程安全生产管理法定职责的服务活动。

从工程监理的概念可以看出，工程监理单位所提供的是一种服务，而服务的主要特征是无形的。监理单位如何能够让服务对象业主对这种服务最大可能的感知是必须要考虑的问题。因此，监理要创新思路提高监理工作水平，重视日常监理工作方法的创新。再者，监理与被监理者之间存在矛盾点和对立面，监理要发挥监理作用，就要采取行之有效的工作方法。下面就参与监理工作的实际经验，谈谈监理日常工作方法的创新。

一、监理工作理念创新

（一）监者理也，以身作则

监理，监督、管理，监者理也，"据理力监"。

监理在实施一系列的监督管理活动中要有理有据，发现问题、提出问题要依据充分，并能客观的表达出问题的具体所在，还要通过适宜的工作方法能够让问题的责任者接受，使问题得以彻底解决。然而，真正要做到这一点，身为监理者除具备扎实的专业技术知识外，还要懂管理技术与协调沟通艺术。

开展监理工作，我们要始终按照工程建设相关法律、法规、标准，建设项目要求。对工序的验收严格按照施工质量验收规范和相关验收程序执行。我们的工作要做到有理可依，有据可查。

在开展监理工作时，要以身作则，对施工单位提出要求前要保证自己先做到。例如：监理例会的召开，监理部率先采取PPT演示的办法向其他参建单位进行工作汇报并提出要求，在之后的监理例会上其他参建单位也统一采用PPT方式汇报工作。

（二）服务业主，用心监理

监理公司质量目标中明确指出要让业主满意率达到95%以上，作为监理，我们要想业主之所想，主动承担现场的质量、安全和进度等方面的管控工作，做到"眼勤、手勤、脚勤、嘴勤、脑勤"，先于业主发现问题，先于业主解决问题，诚心诚意为业主提供我们最好的服务。

二、监理例会召开创新——会议PPT

监理例会是项目监理机构定期组织有关单位研究解决与监理相关问题的会议。一般监理例会每周召开一次，由项目参建单位的主要负责人参加，因此，监理例会是展示监理工作能力和水平的重要平台。根据以往的监理例会召开情况来看，会议效果不佳，解决问题的效率不高，参建各方会前准备不充分，会议期间各方的发言内容比较凌乱。另外，专业监理工程师提出问题，尤其是涉及安全方面的问题，在会议上不能直观表达，容易引起施工单位的反驳。

为此，监理部人员积极思考探索，在日常检查验收过程中，除及时用文字记录存在问题外，还应及时拍摄影像资料，并对搜集的资料进行整理。在每周监理例会召开前，监理部组织召开内部会议，对一周以来存在的问题进行整理讨论，确定监理例会汇报的内容，由专人将例会汇报内容整理成PPT，对每一个具体问题附上照片或视频。在监理例会召开时，专人对监理情况进行汇报，必要时相关专业监理工程师予以补充说明。

监理部以这样的形式进行汇报后，参会人员均认为很好，承包单位和业主单位表示下次例会也要按照PPT这样的形式进行汇报。后来经过实践证明，监理例会的召开效率得以很大提高。通过监理例会PPT汇报，监理部全面地、形象直观地展示了监理一周以来的工作情况、发现的问题以及提出的合理化建议。

另外，针对承包单位项目部主要管理人员不参加监理例会的问题，监理部统一制作了参会人员姓名桌签，在会议召开前进行摆放，在会议开始期间拍摄照片，并在会议纪要后附上会议照片，以此告诫无故不参加监理例会的人员。通过这样一个小小的举措，达到了事半功倍的效果，此处无声胜有声。

三、施工方案审查创新——桌面推演

施工方案的审查也是监理的一项重要的日常工作。施工方案是指导施工的技术文件，技术上是否可行，工序安排是否合理、是否具备可操作性，这都直接影响施工质量。因此，监理对施工方案的审查，不仅要查方案内容的完整性和技术的可行性，还要查编审批是否真实有效。根据以往的经验来看，施工单位对待施工方案的编制、审核、批准流于形式，往往由一个技术员独自编制方案，后续的审核、批准只是履行了一下签字

手续。

为此，监理部提出明确要求：施工单位在编制完成施工方案后，由技术负责人组织相关部门人员对方案进行评审，方案审查的过程也是相关部门了解此次施工活动需要做哪些准备工作，施工过程中需要做哪些具体工作。同时，也为施工方案提出合理化建议。当然，专业监理工程师对施工方案的评审过程进行监督，目的是督促施工单位拿出一份技术可行、工序合理、配套措施完备的专项施工方案。

施工单位完成施工方案的编审批后，将方案的内部评审记录附在方案后上报监理部进行审批。监理部收到方案后进行初步审查，再组织总包单位、分包单位及建设单位相关人员召开方案审查会，会议上由施工单位技术人员对方案以桌面推演的方式进行介绍，将施工准备、工序安排、施工质量保证措施、施工安全保证措施等进行桌面推演。监理部要求施工单位主要负责人对工序中涉及的"人、机、料、法、环"五因素的布控安排向各参建单位相关人员做详细介绍。会上，研究方案可行性，预测可能出现的风险并提出相应措施，群策群力，可保证该工序顺利进行。

四、日常检查验收创新——工作记录仪、无人机巡查

监理人员的日常巡检和工序验收是监理部在施工现场的主要工作，日常巡检的主要目的是了解现场施工进展情况和安全文明施工情况，而工序验收则是对施工质量的专项检查。日常检查验收是一个过程，检查验收合格后，监理人员在相应的记录上签字，并在监理日记上记录。通过签字、记录来反映监理服务的成果。为反映检查验收的过程，监理部配备了随身携带的移动式摄像机，类似于交警佩戴的执法记录仪，我们称之为监理工作记录仪。有了它，监理在检查验收过程中，能够及时记录工作状态和检查验收时发现的问题。尤其是在巡检现场的安全文明施工时，能够真实反映现场的施工安

全状况。

另外，根据工程的实际情况，为了更好地开展监理日常巡查工作，监理部可以配备无人机进行巡查。

无人机安装有自动驾驶仪、程序控制装置、摄像头等设备，利用无人机远程实施监控、操作便捷的特点，结合超高层不等高同步交叉作业的状态，将无人机应用于：形象进度记录、重大危险源检查、施工作业面巡查等方面，实现智能化管控。尤其针对爬模、爬架、塔吊以及钢结构高空作业等重大危险源，利用无人机进行高空实施监控，及时获取现场作业状态，通过视频或图像识别、排查现场存在的问题，快速采取应对措施，有效确保施工安全。

五、监理资料制作管理创新

监理服务的主要成果体现就是监理资料，监理部在开展监理工作过程中，不仅要重视监理资料的齐全和完整性，更要注重监理资料的质量，确保监理服务质量能够通过监理资料最大限度地体现。监理日常形成的资料有监理日志、会议纪要、旁站记录、监理通知单、监理工作联系单、监理月报等。

（一）监理文件图文并茂

监理人员每天对现场的施工情况进行拍照形成记录照片，将主要的照片插到监理日志中，这样一来监理日志反映的信息就会更直观、更真实。另外，在监理通知单后面附具体问题的照片，并文字说明，这样可以让责任单位对监理提出的问题容易接受，也更能引起他们的重视。

（二）《旁站记录表》格式化

根据不同工序，统一了《旁站记录表》格式和旁站内容标准，采取填表对号入座形式，克服了原来手工记录不规范、内容记录不全、费时费工的缺点。同时，在旁站记录的后面附上工程实际照片。

（三）重视资料的监督管理审查

需要管理审查的资料包括施工单位报审资料

和监理资料。工程竣工验收之前必须要通过资料专项验收。因此，资料事前规划，过程跟踪检查，分阶段验收等资料管理程序尤为重要，避免后期花费过多精力补齐资料。

六、发现问题反馈创新——微信平台

现在人人有微信，我们就可以通过微信平台对现场进行管理，建立"问题协调群""质量群""安全群"等微信群，群成员涵盖各参建单位相关管理人员，在未泄密的前提下将问题在群里反映，得到反馈的速度往往快于书面整改文件，提高工作效率。

建立安全管理微信群，为避免安全隐患得不到及时解决，监理部建立了安全管理微信群，群成员涵盖各参建单位项目主管以及安全管理人员，对于现场无法得到及时消除的安全隐患，我监理人员会即时拍照并上传，得到反馈的速率大大提升。

微信协调群通告。在以往，监理部通过向施工单位发监理通知单或工作联系单解决问题，但在抢抓进度的特殊时期，该办法明显效率低下，为了提高问题整改效率，监理部人员对验收过程中发现的质量问题进行汇总，在微信协调群中及时通告，

施工单位也能迅速响应，做到了及时发现问题及时整改，从而大大减少了发书面整改单所消耗的时间，进而加快施工进度。

七、安全管理活动创新

（一）安全生产奖励

为提高劳务人员安全生产意识，监理部联合总包单位采取了一项安全生产奖励措施，对于能够良好执行安全生产标准化基本规范的劳务人员，监理部人员会现场派发一张"奖励券"，领到该奖励券的劳务人员可以到总包单位指定办公室领取一套劳保用品，以物质奖励的方式提升施工作业直接参与者的安全生产意识。

（二）安全区域化管理

为提高监理部安全管理效率，监理部采取了安全区域责任到人的管理方式，为现场四个子项分别指定一位专业监理工程师进行安全管控，与此同时，每个监理人员都要时刻注意自己专业区域的安全生产情况，从而做到安全管理，全员参与。此外，监理部还要求承包单位在每个子项/房间入口处张贴作业项目标示牌，明确作业区域、作业内容，提高安全管理人员管理效率，有针对性地巡视和监督，并保证随时更新。

八、总结

工程监理本身是提供专业服务的行业，专业技能理应成为提供专业服务的基础，但随着工程监理行业的不断发展，建设方需求的是全过程、全方位的工程监理专业化服务。因此，监理要在严格执行法律法规、标准规范以及设计文件的基础上，不断地进行思路创新、工作方法创新，以提高监理工作的水平。

建筑师管理模式下的监理工作实践

北京五环国际工程管理有限公司　罗玉杰

摘　要：业主对项目的管理，是通过建筑师主导的项目管理实现的，建筑师对项目的管理，是整合顾问团队的专业的管理活动实现的。监理与各顾问各司其职，在各自专业或管理范围内提供管理服务，帮助建筑师共同完成项目的全方位的管理。

关键词：建筑师　监理作用　工作界面　责任

在一个由高水平的顾问组成的项目管理团队中，各方的工作水平是需要相匹配的，我们作为监理方，虽然适度裁减了部分权限和规范规定的工作内容，但是能集中精力更好地履行合同、履行法律法规规定的职责，应该说，依靠的是一种科学的管理模式。

受业主委托，公司对王府井国际品牌中心建设项目实施监理。本工程地处北京王府井商业街，定位为国际高端商业品牌，目的是提升街区商业品质，为北京市重点工程。建筑面积 149633m²，地下 4 层，地上 6 层，业主方为香港知名公司，聘请了建筑设计、结构设计、幕墙、机电、装修等方面的香港和国外的知名工程顾问公司，项目的管理构架系香港普遍采用的建筑师主导的顾问模式，各方顾问，简要关系如下：

以上项目管理模式，是基于类似 FIDIC 合同条款，业主对项目的管理，是通过建筑师主导的项目管理实现的，建筑师对项目的管理，是通过整合顾问团队的专业的管理活动实现的。监理作为顾问团队之一与各顾问各自按照合同约定的委托工作范围，各司其职，在专业或管理范围内提供管理服务，帮助建筑师共同完成项目的全方位的管理。

公司有多个香港投资项目的监理工作经验，

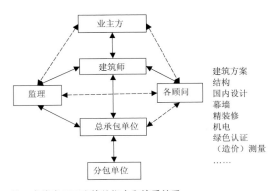

注：虚线表示无直接的指令和接受关系

其中有比较成功的合作项目，在监理工作过程中，也有诸多的认识与体会，在此一并与业内人士分享。

一、建筑师模式下监理工作与法规的契合

先澄清一个概念，此建筑师不同于国内的建筑专业设计师，建筑师是业主聘用在工程项目建设过程中为其提供咨询服务的专业顾问，工程管理上的一个总体策划、协调和召集人，直接对业主负责。包括监理在内的各顾问需服从建筑师的协调管理，并各自在自己负责范围内独立工作。

在此种模式下，国内法规和规范中规定的部分监理工作内容被建筑师取代，比如监理规范规定的建设单位的管理活动要通过监理单位；比如对工程计量和工程款支付的审批权，设计变更的确认权，对合同变更事项的审批权，对施工单位的指令权，等等。

因建筑师及其所属单位不具有监理资质，不具备资格承揽监理业务是他们的风险，也是他们力图规避的。故在工程开始前，我们作为监理单位，与建筑师进行了深入的沟通，制定各种工作的流程，规定好监理与建筑师各自的权限和工作界面，建立相互配合的工作机制，既能发挥建筑师的管理作用，也能保证监理法定职责的落实。尤其对于法规规定有监理责任的质量和安全工作内容，监理有权直接向施工单位发出指令，建筑师不能否决。对于工程计量与付款，特别是对安全文明措施费用的审批，监理会发出书面审批意见，建筑师必须采纳监理意见。通过沟通及各方确认的流程与管理制度，使监理能够履行法定的职责，避免工作失位形成的法律风险。

监理与其他顾问的工作界面相对也是清楚的，各顾问侧重于设计图纸审批及施工技术要求，监理侧重于现场施工有关的施工规范、施工工艺要求，这是职责范围内的工作，但必要时顾问也可以对施工质量提出意见，监理可在施工图纸及施工技术要求方面与顾问沟通。

监理利用在法律法规贯彻与执行方面的专业优势，促进项目运行过程中的合规性，及时向建筑师提供专业意见，使建筑师能做出符合法律法规的决定，这方面建筑师对监理的倚重也充分体现出来。如在方案调整及深化图纸审批时，我们及时指出哪些是超出允许变更的内容，需要重新设计强审；顾问选定材料时，我们会核对国内规范要求，如顾问提出的技术指标不满足要求时，我们会及时提出意见；在使用一种新型防水材料时，我们会提出应进行产品说明和方案论证等。

二、项目资料的双轨制

建筑师模式下形成的工作文件和记录，需体现建筑师和各顾问的管理意见和成果，业主单位也需要从建筑师和顾问处理的事务中，获取对项目的完整的信息。国内规范规定的文件资料只有法律规定的责任主体单位的记录，体现了责任主体的职责履行情况。不同需求下的文件资料格式和内容尚不能融合，故项目在资料的管理方面实施了"双轨制"，一种是按照项目的管理体系和流程设定的格式文件，一种是按照北京市资料管理规程的标准格式文件，两种需求下的资料都不可或缺，我们作为监理方，规范规定的工程资料是我们的责任，项目规定的文件资料也需要认真对待。

形成资料又分了两类流程，一类是监理直接签字确认部分，如材料进场验收，检验批验收、分项工程验收、安全设施验收等，由监理直接负责检验，并对验收结果负责。其他顾问单位自行安排是否参与，如有不同意见，向监理和施工单位直接提出。

另一类需共同审批，如施工方案、施工进度、工程款申报、工程材料样板申报等，流程为总承包单位申报→各顾问（含监理）提出审批意见→建筑师综合审批意见→监理在工程资料中按照建筑师的审批结论，签认工程资料→总承包单位执行。

三、监理工作的深度和工作方式改变

在一个由高水平的顾问组成的项目管理团队中，各方的工作水平是需要相匹配的，任何一个方面的短板都会使整个团队的管理工作达不到项目管理的目标，而每方的利益也与这个目标的实现息息相关。为了在这个团队中立足，也为了能表现出监理团队的能力和作用，监理团队的工作深度和工作方式就与国内项目有所改变。

这个深度表现在，监理对所作出的任何判断，任何签认的文件资料，都要提供客观证据，让即使不在现场的人员看到提供的资料后，能判断出监理正确完成了法规与合同规定的工作，并做出了正确的结论。比如检验批的验收，必须提供监理独立检查的项目和数据、检查的影像资料、依据的规范条文、检查数量及部位的抽样方案等，混凝土的进场检验，对外观的检查和坍落度、随车材料、车号、数量、对应试块取样等均需有详细的记录。

所有检查记录、施工资料签认后需立即扫描，用邮件发送项目业主、建筑师和相关方。建筑师分析监理上传资料确定是否对施工单位发出下一步指令。当发现问题时，监理直接向施工单位发出整改指令，建筑师认为有必要时，也会发出进一步要求，他的要求有时会是更高的层次。

为了避免信息的混乱，本项目规定任何一方不可接受口头指令，只有书面指令有效，所以监理人员向施工单位的整改要求也必须是书面的，同样业主和顾问方人员也不可以随便口头提出要求，如果有特殊情况，需及时后补书面文件。

工作的即时性要求监理人员必须当天处理完当天的工作，并将工作成果发出。实际上也是将自己的工作活动放在透明的环境中，并需要高效率、高准确性地完成工作。网络和信息化是我们的有力手段，开通网络，熟练应用软件、微信、APP和其他工具，能随时进行内部信息传输与处理，随时关注业主方、建筑师、顾问、施工单位发出的信息，并加以分拣；需要监理处理的，在要求时限内及时处理，重要的事项，由总监理工程师亲自处理。

四、监理职责的履行

无论法规还是合同，监理的职责都不外乎是三控两管以及协调和安全，这是监理的立足之本，也是监理在项目上的关键作用所在。在这方面的工作内容太多不能一一赘述，仅就有项目特色之处，简要介绍在建筑师模式下我们是如何履行监理职责的。

1. 质量控制

各顾问对图纸、施工方案、材料的审批，实际上补强了质量的预控。一般项目中，可能会出于进度方面的压力和施工单位的原因，对施工方案的监理审批不见得足够恰当，草草通过的也有，但本项目的施工方案审批，从发起要求、报审时限、审批时限到审批结论，都由建筑师掌握，监理及各顾问在自身权限和范围内给出专业的审批意见，施工单位修改完善，最终能形成切实可行的，并且有约束力的施工指导性文件。作为最具备现场经验的一方，监理的审批意见无疑是最重要的，不会是仅仅同意或者不同意那么简单，需要相关专业人员及总监从依据、目标、材料、人员安排、工艺、标准、计划、流程、措施等各个方面给出审批意见。方案审批通过后，监理的下一个工作就是严格地监督实施，任何与方案不同的部署准备、人机料安排、施工工艺等，均需要及时发现、指出并发出信息。

监理内部人员的分工，根据 WBS 分解，每个人的工作权限和范围都明确，并需对自己的工作有充分的准备，比如验收的工作，必须熟悉图纸要求、规范要求、方案要求、进度计划要求，必须掌握施工进度和施工质量状况，能把控关键点，及时发现问题和有处理问题的能力。再比如在结构工程中，有些节点处钢筋密集，按照规范布置不下，这时监理人员正确的处理方式是发出现场的实际情况照片及说明，要求施工单位提交处理方案并与设计顾问沟通解决方式，按照批准的方案再监督施工和验收，而不是与施工单位直接协商处理，开始时部分很有经验的专业监理工程师不习惯，但这就是项目管理的要求，也是监理的权限界定，必须遵守。

2. 进度控制

在进度控制方面，相对于建筑师的宏观控制，监理侧重于微观的控制、落实和协调。建筑师的决定和指令要落实，需要监理方在各级进度计划的审批意见；在工序衔接、工作面协调、进度计划执行和督促等各方面细致的工作，需要现场进度执行情况的准确信息以及进度要素的详细资料。施工日报是最重要的基础资料之一，施工单位需提供每日工作日报，监理对施工单位提交的施工日报内容逐一进行审核，涉及每日工程量、人机料、重要事件的原因和过程描述等。审核并确认的日报就是将来工期延误、工程延期和索赔的直接和有效的证据。此外还有，监理每日将工作日报做成一个内容连续的 excel 文件，公开发送项目相关方，也是佐证。

3. 造价控制

监理负责现场工程部位、材料进场量、施工措施实施情况的确认，工料测量顾问负责工程进度款的计算审核。这里涉及一个法规上的问题，就是安全文明措施费用的审批和工程款的审批职责，故在审批流程中，对工程计量，必须有监理的签字确认和审核意见，工料测量师审核完成后发出结果，监理发出是否有反对意见的书面回复。当存在不合格部位时，对监理要求扣减的工程量，工料测量师是需要采纳的。

变更与洽商内容完成后随工程进度款申报和支付，监理对变更内容和工程量均需有审核意见，施工单位申报时需附所有与变更有关的审批和确认资料，这样做的优点是不会将遗留问题放到结算阶段，工程完成，结算也基本完成。

4. 合同和信息管理

虽然建筑师负责合同管理的主要工作，但监理作为现场管理的最重要的一方，也需要从监理的角度对合同进行管理。FIDIC 合同有合同技术标准，无论是总承包合同还是分包合同，这是监理对合同管理的重点工作，必须熟悉。合同内的技术标准有时会比规范严格，有的会规定施工材料的相关要求，监理需在相关工作中把控，避免出现失误。

双轨制下的资料信息管理以及各方工作的深度要求，对监理和施工单位都增加了很多的工作量，每位监理人员都各自负责自己的专业资料的形成和问题处理，项目资料员负责外部信息的分拣和已形成的资料的归档和查询管理。

5. 安全生产管理的监理工作

尽管安全方面的工作是不甘承受的，但也是已经放在肩上的重担，包括建筑师在内的所有顾问，在现有法律下，不可能对施工安全负有法定责任，所以作为监理，我们在安全工作上小心翼翼。如此规模的工程，施工单位包括分包单位共有十几位专职安全员，而监理部仅靠一个安全员是远远不够的，所以监理部在安全工作中的思路是全员参与、分工负责，专业监理工程师负责各自范围内的施工现场的安全，安全员负责收集各专业安全信息，处理安全相关的验收、文件、汇报和指令，组织安全检查、人员安全管理、日常安全巡视等。即使这样，安全员的工作也是非常繁重的。

五、协调和促进作用

各自负责范围的工作中均有需要协调的工作，建筑师主持的有工程例会、进度例会，机电顾问主持的有机电例会等，监理主持的是监理例会。因为比较宏观的以及关键的问题会在工程例会上提出和讨论，我们的监理例会一般不要求项目经理参加，且这样规模和复杂程度的项目，项目经理需要处理事务的繁杂程度是可以理解的，但必须派出副职作为全权代表，质量安全等负责人均需要参加，这个与政府的要求是不一致的。通过监理例会实现监理工作范围内的各管理控制方面的工作要求和协调作用，也是对建筑师主持的工程例会上关于现场工作方面内容的落实。

分包单位是陆续参与进来的，如机电分包，

消防、装修、电梯等业主确定的分包单位，总承包单位对这类分包的管理帮助就会弱一些。为了促进项目管理目标的实现，除在例会上的协调工作外，监理在日常工作中对此类分包进行多方面的帮助，比如对项目管理流程的解释，对文件报审和工程报验的要求，对现场各方关系的协调等，使监理部成了各施工管理人员工作的纽带，从而也使监理的地位在项目中不断提高。

六、体会之监理在促使项目合法合规方面的权衡与坚持

在建筑师模式下的各顾问，可以说只有监理在法律法规及规范方面的责任最重，对于业主或者建筑师做出的决定或发出的指令，总监理工程师就要慎重对待，对比法律法规的规定，需要做出权衡，对有法律责任的，甚至可能带来处罚风险的，就要坚持监理的角色定位。比如对本项目一种装修用的进口石材（甲供），进场后我们见证取样送检，发现强度指标不能满足规范要求，如果废弃，业主的损失确实很大，尽管如此，我们一直没有放弃坚持，大家都清楚，材料不合格允许使用，对监理会带来灾难性的后果。

对于并不影响工程的一些规定（在此不讨论其合理性），我们做了适度的让步，比如工程款的审批，进度计划的审批，甚至项目经理是否必须参加监理例会等。

七、体会之核心技术与监理人员素质

在与各顾问的工作接触中，能感知到专业顾问公司的人员，其技术和专业上的技术服务素质相当高，并且掌握一定的核心技术服务能力，比如建筑顾问的方案、结构顾问的计算、装修顾问对装修的效果把握、机电顾问的机电综合等，与之相对比，我们的专业监理工程师，在专业上的技术水平确实有所欠缺。

然而不能就认为我们的监理工程师的素质就差，作为现场监理，我们的专业监理工程师的强项，是对法规和规范的把握以及在各种艰苦环境下忠于职守的工作表现，我们有我们的合同和法律职责，其他人是做不到的，所以监理工程师同样优秀。

在这种模式下，监理工作处于公开透明的环境中，失去了暗中交易的土壤，所谓吃拿卡要等对行业的诟病，自然也就不存在，本项目中，从未出现因此类问题发生的投诉或指责。

八、体会之建筑师与监理企业转型的方向

在建筑师主导的项目管理模式下，建筑师有效地整合各顾问的专业化服务，发挥了其在项目综合管理方面的优势和作用，业主得到的是各方面高质量的服务，工程也在有效的控制下顺利进展。我们作为监理方，虽然适度裁减了部分权限和规范规定的工作内容，但是能集中精力更好地履行合同、履行法律法规规定的职责，并在监理工作的精细化、标准化和信息化方面进行了深入的实践和经验积累。应该说，这是一种科学的管理模式。

然而建筑师作为项目的主导，还存在概念上的偏差，部分业内人士包括主管部门尚不清楚此建筑师与目前国内的注册建筑师的区别，另外建筑师主导的管理模式，还需要在法律体系方面有深层的改革。

一直以来，监理行业被寄予厚望，也背上了沉重的包袱，实际上，工程建设的问题不是监理行业能够解决的，一个项目的问题，也不是一个监理机构能解决的，需要深层次的反思，改革现行监理制度，吸引多方参与，专业的机构提供专业的服务。

监理行业转型是一个趋势，但期望掌握多项核心技术，做高大全的企业，应该并不现实，不依托核心技术的转型，也是同样没有前景，与国际接轨，必须要做好顶层设计，考虑好在哪里接轨。

对监理企业岗位技能提升和素质建设的探讨

中元方工程咨询有限公司　张存钦

摘　要： 工程监理单位受建设单位委托，根据法律法规、工程建设标准、勘察设计文件及合同，在施工阶段对建设工程质量、造价、进度进行控制，对合同信息进行管理，对工程建设相关方的关系进行协调，并履行建设工程安全生产管理法定职责的服务活动。作为建设市场主要参与主体之一，监理企业公平地站在建设单位与施工单位中间去履行职责和行使权力。在当前新形势下，我们必须要对实际情况进行分析，采取合理的措施建设一支高技能、高素质的监理队伍。

关键词： 监理企业　岗位技能　素质建设

一、监理在工程建设中的定位和职责

国家法律法规明确规定了监理的工作权利和义务，如《建筑法》中第十三条规定从事建筑活动的工程监理单位，应按其资质等级许可的范围内承揽监理业务。《建筑法》中第四章建筑工程监理第三十二条指明了监理工作依据即依照法律法规、建设工程设计文件、技术标准以及建筑工程承包合同，并明确界定了监理权限，即对承包单位的施工质量、安全、工期及建设资金使用等方面实施监督，监理人员认为工程质量不符合设计要求，达不到技术标准和合同约定的，有权要求施工承包单位改正。另外《建设工程安全生产管理条例》《建设工程质量管理条例》等对监理在工程建设中的安全、质量等责任和义务均有明确的要求和规定，

GB/T 50319—2013 建设工程监理规范中更加细化了监理人员的职责。因此，监理在工程建设过程中具有重要作用。GF—2012—0202 建设工程监理合同（示范文本）中对监理有明确的定义，并对其工作依据、工作内容、权利和义务、工作深度及质量安全职责均进行了详细的解释和说明，指明监理工作开展必须在委托人的授权范围内从事工程建设服务活动，因此，监理工作范围和权限需要建设单位的授权并在监理合同中约定。

二、当前监理行业挑战和机遇

（一）从围绕政府转向围绕市场。市场化最显著的特征就是以市场为主要导向，监理企业将告别以政府政策为主要导向的发展思路。

（二）从追求最高的企业资质转向提高服务能

力和服务范围。在市场化的条件下，在市场准入条件不断放宽后，企业资质的影响度已经不再那么大了。企业必须适应市场化，提高自身服务能力和服务方式及内容的多元化，以满足市场需求。

（三）从政府政策保障化转向企业价值化。市场规律是客观的，谁能满足市场需求，谁就能在市场中生存。如果企业不能再寻求政府的帮助，那么企业必须适应这个发展趋势，从自身出发，改变发展思路。监理企业应该转向市场价值，努力创造市场需求，培育市场需求，为市场需求创造更多、更好、更高的价值，这是唯一的出路。

（四）从吃市场业主饭转移到吃市场雇主饭。一字之差意义不一样。业主就是为投资者提供的，而雇主就多了，包括政府、企业、甲方、施工方、设计方，甚至银行、保险、专门的投融资机构等。举个例子，政府为了保障工程的安全，会选择有条件、有能力的监理企业。在政府强化了业主的法律责任时，业主可以请监理，但是监理要承担法律责任。一旦责任落实，政府就考虑将风险转移给有条件、有能力的监理企业。因此政府强化业主设计施工各方面的责任，要转移风险，不履行责任的企业将被淘汰，所以说，监理企业要逐步地扩大自己的思路，从吃业主饭逐步地过渡到吃雇主饭。

三、我国监理行业面临困境的原因

（一）政策导向因素

1. 工程监理行业的社会地位不断下降

自1988年试点到现在，政府层面对工程监理的定位逐步"弱化"。1988年原建设部《关于开展工程监理工作的通知》认为监理"大致包括对投资结构和项目决策的监理，对建设市场的监理"；提出"已经或将要实行监理的工程，是否还要进行质量监督由各地区、各部门自行决定"，甚至"一些条件较好的质量监督站，可向监理组织过渡"。各地建设主管部门还设立了监理处专事监理行业的管理，监理工程师也成为建筑业最早设立的执业资格。国家对工程监理寄予的厚望可见

一斑。但全面推广监理制度（1996年）第二年即1997年发布的《建筑法》却把监理局限在施工阶段，2000年的《建设工程质量管理条例》对此更加以强化，2000年发布实施的《建设工程监理规范》仅涉及施工阶段的监理工作。前几年各地政府机构改革，原设立的监理处相继撤销，国家对监理的定位大为改变。

2. 政府的要求与建设单位的期盼脱节

政府与建设单位的主要目标基本一致，都是为了确保工程的质量和安全。但实际工作中，各级建设主管部门以及质检、安监不断加重监理的监督责任，监理的主要精力疲于应付各类检查和提交报告，建设单位普遍对监理不满意，有"为谁服务"之质疑。

3. 行业条块分隔，监理业务狭窄

对建筑咨询服务业，国家职能部门在各自管辖范围设立了一系列相互独立的企业资质和个人执业资格。监理资质表明监理企业具备项目管理的资格和能力，监理工作本已涵盖投资控制和合同管理等职责，监理企业却不能用监理资质承担造价咨询、招标代理等项目管理中阶段性的工作，业务范围一直被压缩在施工阶段，生存空间极为狭小。

（二）行业因素

1. 责权利不对等

建筑业以原始工艺、手工操作、露天作业为主，当前施工管理人员严重不足，质保体系不健全，作业人员基本上是没有经过任何正规训练的农民工。行业特点和现实状况客观上加重了监理的责任，但监理受制因素多，管理难度大，从而形成了责权利不对等的局面。

2. 行业自律机制缺乏

目前地级市和行业大多成立了协会，但协会的地位规定不明确，授权不清，权威性不足，自律作用没有发挥。

（三）市场因素

监理市场尚未形成以技术和信誉度取胜，优胜劣汰的公平竞争机制，市场运作还不规范、不成

熟。具体而言，监理市场进入门槛低，监理企业多，"挂靠"经营成了新常态和生存手段，承接业务主要靠人际关系以及竞相压价，行业间恶性竞争激烈，诚信体系建设刚起步，透明度不高，"浑水摸鱼"的大有人在。

（四）企业因素

监理是新兴行业，大多数企业实力还很弱，企业和项目内部的各种组织、规章和责任制度尚未健全，其管理上个人因素浓厚。其次，大多数监理企业缺乏长远规划，着眼于眼前利益，部分监理企业"挂靠""承包"经营，投机短视行为严重，企业长远发展机制不完备。第三，监理企业缺乏核心竞争力，在低层次、同质化价格战中拼杀，利润少，抗市场风险能力低，发展难以为继。

四、监理企业岗位技能与素质的建设

（一）提高监理人员的技术素质

项目监理机构应根据不同阶段的监理工作开展，提前进行针对性的学习。

1. 牢记监理工作依据：监理合同、相关规范、法律、法规、设计文件等。

2. 在施工准备阶段，组织项目部成员进行技术方面讲解和监理具体工作交底。

3. 在监理工作实施过程中，利用空闲时间，定期组织学习监理规范、施工验收规范等，深入掌握监理工作如何开展。

4. 支持并配合项目监理成员参加社会上组织的一些培训、学习，从而提高自身的文化和技术素质。

（二）积极组织开展分类培训

1. 上岗前培训。一个连到岗后不知干什么的人员在岗位上是干不好监理工作的，也不符合政府管理部门持证上岗的要求。因此，上岗前的培训显得尤其重要。目前有三个档次的证书：国家注册监理工程师、省监理工程师、省监理员，实际是三种深度、广度不同的培训结果。监理人

力资源管理要全部做到先持证上岗暂时有困难，但要及时组织安排参加学习，参加培训，参加考试。

2. 企业精神培训。要以一些发达国家企业为榜样，组织企业精神培训，让员工观念与企业要求相吻合，形成与企业精神相一致的共同价值观。这一点，现在大多数监理企业并未做好，甚至存在空白。

3. 业务深化培训。要系统组织学习相关法律、法规、标准、规范。可以分层次进行，如总监级、专业监理工程师级、管理部门领导等，也可以分专业组织。每有新规范、新标准下达时，均应及时组织培训。

4. 管理层经营管理知识的培训。这也是现在监理企业培训的弱项。而一个企业要发展，提高管理人员水平是至关重要的。

5. 必要的专业技术培训。对新技术、新工艺、新设备、新材料，必须及时组织相关人员学习，跟上形势，争取领先，否则在监理实践中就会被动。根据现有监理人员状况，组织必要的补课或培训，也是提高现有监理人员专业技术水平的有效手段。

（三）对监理人员的考核

监理属于咨询服务行业，不同于生产企业。但考核的最终含义是一样的：一是过程，二是结果，而且最终是以结果即对企业的贡献来决定的。以总监为例，一个总监能力强、知识面广、技术精通、文字功底好，又非常敬业，最终必将体现在监理服务质量令业主满意，管理到位而用人恰到好处，监理项目效益好，人均劳动生产率高。人力资源管理首先必须掌握监理人员工作状况，业主反映（顾客满意度）、相关各界评价，最终结合项目效益情况得出考核结论。过程考核以定性为主，结果考核则以定量为主。考核的标准有通用的，如劳动纪律，一个常年如一日遵守劳动纪律的员工和一个经常迟到、早退、脱岗的职工，在哪个单位其结论都是一致的。考核也有特殊性，如项目之间因各种原因收费率不一的因素等。

（四）监理人员待遇要因人而异，切实体现"按劳分配"原则

目前监理企业多数以职称和职务划分工资档次，应该说这还是可行的。问题是：总体行业工资水平低，再按杠杠一划，人才不仅吸引不来，反而被设计、勘察单位、开发商、施工企业挖走。以总监为例，同样是总监工作却因人而大异，工作成果、对企业的贡献也大不相同。一个年富力强的总监，大学本科毕业、国家注册监理工程师、高级职称，管理工作能力很强，可胜任2～3个大中型项目的总监工作；而另一个在身体、知识、能力、技术、管理上适应不了的总监，即使一个小项目都管不好。人力资源管理就是要因人而异，体现"按劳分配"，同样是总监，前者收入应是后者的数倍才合理。不仅给待遇而且给礼遇，这才留得住人，也才能吸引新的人才。

（五）职业道德的提升

监理工程师必须具备良好的政治素质和职业道德素质。守法、诚信、公平、科学，这一理论提出了监理企业的行为准则。监理企业不仅要提高人员业务素质，还要提高其政治素质，强化廉洁自律管理，使监理人员真正做到公平、独立地开展监理工作。

监理工程师是代表甲方对工程质量、工程进度和工程投资实施全面控制的"大管家"，个别监理人员往往不能摆正自己的位置，盲目自大、以势压人，不能以理服人，平等对话，给施工单位制造难题；有的监理人员自认为和施工单位熟悉或者自认为曾是施工单位的领导，以感情代替原则，不是越俎代庖，就是降低标准，给施工质量和安全造成隐患。特别在当前市场经济条件下，施工单位的公关手段非常高明和极其隐蔽，如果监理人员自我约束不强，一旦被腐蚀，工程质量就难以保证，极个别监理人员以施工单位对自己的个人"感情"来决定对施工单位的态度，从而丧失了监理人员最起码的职业道德标准。可见，监理人员的政治思想道德素质十分重要。

监理工作的公平性要求监理工作人员在政治思想道德方面必须具有较高的思想政治觉悟、良好的个人品德和职业道德、高度的事业心和工作责任心；要有对社会道德、职业操守、行业规矩、业主利益的尊重和协同；在工作态度和自身修养方面要有对监理事业的热爱及敬业和付出精神；要有良好的身体素质，健康，有活力，能吃苦，以适应外业工作的需要；要有受人尊敬的高尚人品、影响他人的魅力和感召力；还要有良好的心理状态，乐观向上，与社会融洽协调，善于应对挫折的心理素质。因此要成为一名好的监理工程师，在监理工作中就必须坚持做到敬业守法、诚实守信、吃苦耐劳、认真负责、沉着稳重，也只有这样的监理工程师才能够监理出高质量的工程。

五、结语

在竞争日益激烈的市场环境下，监理企业要想取得稳步增长的营业收入，必须提升监理服务质量，提高顾客满意度，同时，为业主提供差异化服务。能否提供更好的服务，取决于监理人员的水平和素质，因此，提高监理人员的业务水平和素质是提升监理服务质量的基本保证。

心存善念　天必佑之

武汉建设监理协会　邱蓓　宝立杰

董宽民：陕西渭南人，1966 年 7 月出生，1989 年毕业于上海铁道学院机械工程系起重运输与工程机械专业。高级工程师、国家注册监理工程师，现任上海天佑工程咨询有限公司武汉分公司副总经理兼机电专业项目总监理工程师。

"成功有两步，第一步是开始，第二步是坚持"

初次与董宽民联系是通过电话，在电话里简

单的三两句话已经感受到他大方、热情、随和的性格，到上海天佑工程咨询有限公司武汉分公司和他见面后，感觉这位在建筑工地上打拼近三十年的总监理工程师，并没有被建筑工地上的喧嚣气息淹没自己的本性，依然有一种儒雅、睿智的气质，这令我心存疑问：是什么成就了他独特的气质？随后在他对公司的介绍中，我得到了答案。董宽民介绍，上海天佑工程咨询有限公司的前身隶属于上海铁道学院，成立于 1993 年，2000 年合并到上海同济大学，因此公司属于地道的"学院派"，2003 年更名为现在的上海天佑工程咨询有限公司，2008年获得国家设备监理甲级资质，2009 年取得监理工程综合资质，发展到今天，公司有职工 1500 余人，其中专业技术人员 1300 余人，国家注册人员200 余人。几个简单的年份和数字，清晰可见企业的迅速崛起，而董宽民能成为公司发展壮大出力的一份子，也感到非常荣幸。醒目的公司标志正对着会议室，当向他问起由来，董宽民一脸自豪，写在脸上的微笑，流露出骄傲的同时，更有一种家的归属感。在上海铁道学院毕业的学子，毕业后能在同属于母校的相关企业工作，让他倍感亲切，而天佑的标志是简单几笔勾勒出的莲花，花瓣打开，象征工程遍布四面八方，真正关注客户的需求，心存善念，天必佑之，更是浓浓的情怀。

董宽民出生于陕西，1989 年在上海完成学业后便参加工作。上海与武汉人的性格差异，也引发了他对生活和工作的思考，上海人精明、精致、精益求精，做事朝着一个目标努力，强调专业性，积极向上的态度使他一步一个脚印的学习理论和专业知识，而武汉人直率、热情，透着一股聪明劲，这让他领悟出自己的一套为人处事的方法，在工作中处理问题更得心应手。从求学到工作，他一直从事机电工程类专业工作，1997 年因偶然的机遇，他接触到监理行业，当时 30 岁出头的他已不是职场新人，面对一个新的行业，唯有比别人付出更多的时间和精力，刻苦学习钻研，才能更快地跟上大家的步伐。他凭着对机电专业浓厚兴趣和对监理行业的热情，在项目上学习实践，利用业余时间苦读理论知识，参加国家注册监理工程师考试并顺利通过，取得国家注册监理工程师执业资格证书，开始了他的总监理工程师生涯。

"成功有两步，第一步是开始，第二步是坚持"是董宽民回忆起在天津地铁 3 号线从事监理工作时的心得。直到今天，这句话也是他对事业的态度。从事天津地铁 3 号线监理工作时，项目同时包含了土建主体结构、盾构施工、公共区装修、风水电安装、电梯等专业内容，他作为一位刚刚进入监理行业的新兵，从最基本做起，熟悉监理规范、各个专业的相关施工验收规范、施工图纸等，不断加强个人学习，做到图纸与现场实际结合，在发现问题、处理问题、总结提高的基础上，提升个人技术能力及组织协调能力。在完成本监理范围内工作的同时，兼顾其他专业，遇到不懂的问题，及时请教同事及有关专业人士，常常与同事讨论学习，不断积累专业知识。经过两年多的努力，他先后担任专业监理工程师、总监代表、总监理工程师，逐步熟悉地铁施工基本情况，对地铁建设（风水电安装）有了较为清楚的了解。回忆起这一段，董宽民

感慨，十分感谢人生中有这样一段苦却快乐着的经历，让他有幸接触到机电专业外的各个专业，让他幸运地在这样良好氛围的工作环境中成长起来，让他认识到，工作不仅仅是为了养家糊口，而是一份能够让人追求向往的事业！一个"门外汉"通过自己不断地学习，在监理行业达到这样的高度，付出的辛勤和汗水可想而知。能够做到一专多能，面面俱到，更是难能可贵，他身上这股子从不言败的精神，值得我们学习。也正是这种精神，能够成就他今天的辉煌，也正是许许多多具有如此精神的监理人的努力，才有如今监理行业突飞猛进的发展。

总监理工程师的作用，董宽民这样理解：业主对监理方的信任，很大程度上取决于总监理工程师，所谓强将手下无弱兵，只有总监理工程师作出表率，带动监理部人员的积极性，把工作考虑周到全面，尽力做到最好，不计较得失，秉持帮助别人的同时，别人也会帮助你的信念，有这样的境界，才能让业主信任监理部，互相理解、互相支持，这不正是大家说的正能量吗？好一个"强将手下无弱兵"，董宽民凭借自身过硬的专业素质和丰富的实践经验，一次次为业主、施工单位排忧解难、献计献策，为工程项目的顺利推进发挥了不可替代的作用，而自己以及自己所带的团队，包括自己所在的监理企业，也深得业主方的信任。以提高服务品质来创造更大的价值，是监理企业未来发展的主方向，大力倡导价值战将更有利于监理行业健康发展，董宽民以实际行动，向一代代监理人诠释，价格只是一时，价值才是永远。

事业、家庭幸福美满

董宽民有一个幸福的家庭，太太是一名教师，一直很能理解和包容他，即使在他决定转行做监理，到天津工作，无奈与妻子孩子分居两地的时候，也愿意做他坚强的后盾，没有犹豫地全力支持他。说到这里，他除了满足，更多的是感谢，他感谢太太为了这个小家庭无怨无悔地付出，感谢儿子从小乖巧懂事，很少让他操心，感谢这个家庭给予

了他足够的精力和空间来成就他的事业，如今，事业稳定，他的责任心却更强了，作为丈夫，作为父亲，他觉得有责任挑起生活的担子，尽职尽责地使这个原本就温暖的家变得更美满。一个成功的男人，背后定会有一个伟大的女人，这句话在董宽民身上就是很好的验证。他的妻子为了丈夫的事业和梦想，默默付出和坚持，才有董宽民一心钻研、努力工作的身影。董宽民如今的成就值得我们赞赏和学习，而背后那位伟大的女人，更值得我们点赞。

对未来有信念，对行业有信心

现在的董宽民，不仅是一名总监理工程师，也是上海天佑工程咨询有限公司武汉分公司的管理人员。说到武汉分公司自设立以来的成绩，他如数家珍，每个项目的进度情况他都熟悉于心，目前工期紧张的武汉地铁6号线工程让他十分关注，话间他指向身后的一排奖牌奖杯，他说只有用心做事业，才能无愧于业主对公司和他的信任与肯定。谈起公司的发展，他认为"人"是最关键的，作为一家文化底蕴浓厚，有人文气息的建筑咨询企业，最希望的是能为年轻人多提供平台，注重年轻人的工作能力，要让他们知道现在在做的不仅是一份工作，更是凭着热诚和兴趣对未来全面的事业规划，学习需要的是持久性，学习到的内容如何能运用到实际工作中去，有了积累和反思的过程，必然能使

付出和收入成正比，对工资要有正确的观念，珍惜学习的机会和平台。更重要的是责任心，专业上的技能可以学习，工作中的协调能力可以培养，但责任心能决定一个人的成败。情商也同样很重要，在施工现场安全、质量的管理中，同一件事，面对不同的人，采用不同的表达方式会有不同的结果，所以要带着情商，先做好事，再做好人。

谈到协会近期全面开展的行业自治行动，董宽民拍手称好，由于监理行业门槛低，监理人员素质参差不齐，作为企业的管理者，更应该从一开始就严格要求每一位员工有基本的廉洁观念，关于这一点他常常与各个监理部人员沟通，应该通过个人的努力提升能力，晋升职位，让大家有更大的发展平台，有合理的待遇，绝不能因物质上的贪念，而丧失了工作的原则、公司的立场，一旦影响到公司的声誉，决不是那一点点物质的价值能够挽回的，道德远远比能力更重要。董宽民认为业主也应从服务、口碑、专业，从长远的合作等方面来考虑价格，低价的恶性竞争最终会使双方都受到伤害，为避免这种无谓的恶性竞争伤害，企业应大力支持协会推行《建设工程监理与相关服务计费规则》（7号文）的落地实施，协会的领导班子既然由各监理公司的领导组成，更能了解行业的难处，不能仅从价格方面来改善弱势现状，更要从人员素质，从制定行业标准各方面来共同努力，让监理行业做的这份"良心活"良性循环下去。

监理企业品牌文化建设的思考

太原理工大成工程有限公司　肖井才　高焕平

摘　要：本文联系监理企业实际，论述了创建优秀品牌企业文化的意义和重要性，品牌文化应当具有的共同内涵。

关键词：监理企业　品牌　文化建设

我国推行建设监理制已有20多年，在我国经济建设中建设监理制得到了确立，监理行业有了较大地发展，在工程监理中涌现出了不少发展势头好、实力强、信誉高的品牌企业。正是它们起着标杆的作用，引领着行业的发展走向，同时，也把监理企业创品牌的课题提到了重要的议事日程。那么，监理企业为什么要创造企业品牌？如何创造品牌？就是许多监理企业需要正视和回答的问题。

一、优秀的企业品牌文化是监理企业发展的源泉

企业的存在是为了营利。产品为了获得更多的市场份额则需要品牌。要怎样的品牌才会获得公众的认可？那就是一个品牌可以为消费者创造更多的价值，消费者才会选择它。

监理行业属于工程咨询性质。它的产品不同于工厂生产的产品，它的服务业不同于一般行业的服务。它是高智能的技术管理服务，是企业通过工程咨询人员提供自身的高智能的专业技术、管理能力为工程建设提供服务。这种服务贯穿于整个工程建设过程始终。它所提供的服务产品不是独立的产品，也不能游离于工程建设之外，而是融合于工程建设的产品之中。优秀的品牌文化不仅仅体现在企业的形象塑造方面和产品的外形方面，更重要的是所提供服务的这个产品的全过程，质量好与不好？工程是不是合格？体现在整个工程的质量与效益上，是否满足国家建设的法律法规的要求，是否达到了建设单位的预期和为其带来的实实在在的价值。工程质量好、进度快、投资省、安全无事故应是监理企业创造品牌文化所孜孜追求的目标，也是监理企业不断发展的力量源泉。

1. 优秀的品牌文化是监理企业的无形资产。品牌是企业塑造形象、增加知名度和美誉度的基石。在监理企业都在按照国家的法律、法规要求提供工程咨询服务的时候，谁提供的服务产品能更多地符合建设单位的预期，谁能让建设单位满

意，谁就能创造出企业产品的个性，谁就能创造出优秀的企业品牌文化。这种文化是企业的一种巨大的无形资产，是企业的核心竞争力。这种核心竞争力是企业长期重视企业品牌文化建设的成果，也是其他企业所难以复制的。工程监理服务的水平，包括监理企业市场的执业行为、监理人员的执业资格，对工程监理的事先科学策划、对参建各单位的有效协调，对工程过程的监控和工程竣工验收等方面严格掌控。一句话，监理企业优秀的品牌文化的内涵终极目标，是能否满足建设单位对工程监理服务的需求。优秀的监理企业品牌文化如果一旦为建设单位所认可、接受，就会得到建设单位的信任，企业的正面形象就会不胫而走。随着企业项目监理数量的增多和时间的积淀，这种品牌文化就会为更多的建设单位所称道，企业就会在社会享有好的口碑。他们就会根据自己的认知，通过招标委托自己所钟爱的监理企业。这种无形资产就会给企业带来现实的和潜在的经济和社会效益，给企业带来新的增值。另据有关资料证明，赢得一个新客户所花的成本是保持一个既有客户成本的 6 倍，而品牌则可以通过品牌偏好与客户建立联系，有效降低宣传的成本，促进企业更快的发展。

2. 优秀的企业品牌文化对企业具有强大的聚合效应。优秀的企业品牌文化不仅具有极大的社会影响，还能使企业在人力资源方面获得社会的认可，使一些优秀人才慕名而来，加入自己的团队，提高企业的整体竞争实力。优秀的企业品牌文化会给企业发展带来更多的发展机遇，会通过企业聚合和优化人才、科学技术等资源，不断发展壮大企业，使企业步入一个良性循环的发展轨道，实现可持续发展、创新发展、跨越发展，不断扩大监理市场的覆盖率和监理市场的占有率，形成一个适应市场竞争需要，与社会良性互动的态势，以利于将监理企业做强、做大。

3. 优秀的企业品牌文化对企业具有强大的内凝力。优秀的企业品牌文化不仅能对社会产生良好的影响，对企业自身也有强大的凝聚力、亲和力和向心力。工作和生活在这样的企业，员工会直接受到企业品牌文化的良好熏陶，使他们形成与企业相同一致的价值观，形成举全员之力兴业的兴旺局面。为了共同的目标，员工会产生一种积极向上的精神，有一种自豪感、荣誉感和幸福感。企业就会形成稳定的经营骨干、管理骨干和专业骨干队伍。企业和谐的、积极进取的工作和生活氛围，会给企业员工树立远大的志气、高昂的士气，能培养他们的职业精神和良好的职业操守，培养他们与时俱进的品格，不断学习新知识、新技术、新的管理理论和研究新问题、解决新问题的能力，会培养他们忠于职守、敢于担当的高度使命感和责任感。企业的经营单位的扩大、监理市场的不断开拓，为员工提供了更多的发展自我、实现个人人生价值的机会和平台，使他们的聪明才智得到最大的发挥。品牌的这种内聚力，会使员工乐于将自己的精力、才力、智力、体力奉献给企业，为企业的全面提升、发展奠定最坚实的组织保证。

二、创建优秀企业品牌文化内涵

创建优秀企业品牌文化，是企业在长期工程监理过程

中逐渐形成并被企业员工、社会所认同的。它是一个漫长的建设、维护、创新过程。内涵铸就品牌的核心价值。针对监理行业产品的特点，结合每一个企业的实际和在市场的定位，赋予品牌独特的内涵是不一样的。建设优秀品牌企业文化的第一步，监理企业就要收集市场竞争信息，包括竞争对手品牌的内涵及被接受的程度，市场品牌分布状况等；再根据自己企业的产品特点，正确地确定合适的内涵。要创建优秀的企业品牌文化，就必须始终把握住品牌文化内涵这个根本，在内涵建设方面下工夫。创造监理企业品牌文化，在内涵建设上的共同关注点是：

1. 优秀的企业文化衍生企业品牌文化

于光远曾说，企业兴旺在于管理，管理优劣在于文化。企业伦理、企业信用、企业声誉是企业品牌文化的灵魂，是企业力量、效益和管理精华的重要体现。而建设品牌企业是企业文化的延伸，加强品牌建设就必须切实加强企业文化建设。

企业如何改革发展？如何正确对待建设单位和员工？怎样回报社会？针对这些问题企业文化都发挥着重要的导向功能。"三流的企业靠生产，二流的企业靠经营，一流的企业靠文化"，建设优秀的品牌企业文化就一点也离不开企业文化建设。企业文化绝不是简单的标语，也不是一种附庸文雅的装饰物，更不能是与企业相分离的"两张皮"，而是企业的灵魂所在，使员工和企业目标有机结合的"黏合剂"。企业文化就是人文化，企业精神、价值观，最终都将体现在员工的价值理念中，并以企业文化的形式表现出来。它可以最大限度地调动员工的主人翁精神，变他律为自律，减少企业内部的摩擦，实现企业和谐共赢，通过文化的整合作用，增强企业内部的团结，充分发挥团队作用。要使员工对企业有一种家的温暖，爱企如家，感受到中国传统文化的人情味，只有这样，员工才会以更大的自觉、心悦诚服地服务于企业，以自己忠于职守的责任感，维护企业的声誉和创造更大的经济和社会效益。

2. 高度重视企业人力资源建设

人才是最重要、最宝贵的资源。从国际到国内、各行各业、各条战线无不重视人才资源，都把它当作一种发展战略来对待。监理企业的特点更多的是靠人才，有了人才才会有优质的服务，才能赢得市场、在国际国内激烈的市场竞争中占据鳌头。一个想将企业做强、做大，做成品牌企业的明智企业家，就会在建设品牌企业上抓住人力资源建设这个根本，舍得花大力气、舍得大投入。监理企业只有有了高素质的人才，有了懂管理、懂法律、善经营、职业化、专业化的人才队伍，建设品牌企业文化才会有成效。企业的人才无非是培养和引进两条路径。引进是需要的，自己培养则是必需的。要根据企业的整体规划和市场定位，有前瞻性地做好人才培养。要将企业办成一所大学校，一个学习型的组织，使企业在完成自身的经营任务的同时，使员工的思想品德、专业知识、监理经验、管理水平，实现与时俱进的要求。企业要创造浓厚的学习氛围，形成一种学习的风气、研究解决问题的风气。人力资源部门要根据每一个员工的自身条件，规划其发展的目标，组织和参加各种培训，包括各种职业资格的再教育。特别要形成一个在工作中学习和在学

习中工作的环境，将工程建设工地当作课堂，将发现和解决工程监理中出现的问题当教材，增加在实际工作中的知识和经验，使理论与实际有机地紧密结合，解决好只有理论而缺乏解决问题的能力和有经验而缺少理论的两种倾向。在人力资源建设中，尤其要高度重视项目总监队伍的建设，他们的综合素质如何？将决定着一个监理项目的完成。

3. 结合企业实际挖掘品牌内涵不断创新

监理企业是一个新兴的行业，随着市场国际化的要求，企业需要不断创新。要重视克服定型思维和习惯型障碍，善于学习借鉴其他行业的经验，善于从建设单位的角度思考问题，就会有新的思维，新的发现。只有想得到，才可能做得到。监理工作随着市场的不断规范，对监理企业的要求会越来越高，要加强企业规范化、正规化、科学化建设，要完善监理服务的质量体系，制定具体的、具有可操作性的作业指导书，增强监理工作的执行力，解决监理工作的随意性，使监理工作逐步向规范化、标准化、科学化的方向发展。要在监理企业编制的监理文件质量上不断有所突破，有所进步，使编写的文件更具有建设工程的针对性、指导性，要在监理资料的真实性、完整

性、及时性上下工夫，尽可能实现监理资料与工程的同步。通过在一些细节上的不断突破，丰富企业品牌的内涵，实现对工程的有效掌控，最终达到建设目标的实现。

4. 要切实重视防范工程监理中的风险

创建优秀的品牌企业文化就要重视对品牌的维护。一是离不开对品牌的不断创新，二是防范可能出现的风险给品牌带来的负面效应。在目前监理市场尚不规范的情况下，在监理企业的职能、责任不断加大的情况下，在监理企业还处于弱势地位，在多方受制，缺少应有的话语权的情况下，工程监理中会出现各种各样的风险，像工程质量风险、施工安全风险，等等，如果不在工程监理中予以高度重视，稍有疏忽，就可能给企业带来损害，就会损害企业的品牌。所以，对企业品牌的维护，就要以消费者为焦点，关注他们的需求，企业的追逐线要紧紧地贴近建设单位的需求线，要有所作为，使监理服务的质量不断提升，使企业品牌形成磁场效应，在建设单位和社会树立起高度的威望，表现出对你这个企业监理服务的极度忠诚。为了防范可能出现的责任风险，监理企业有关部门要搞好监理招标文件的评估，要根据工程项目的实际，组建人员、功能齐全的项目监理部，特别是选配好项目总监，要教育监理人员用自己爱岗敬业的工作态度，维护企业的声誉，要加强对项目的监管，随时发现和解决工程中的风险给企业品牌带来危害。特别是随着企业的市场占有率的提高，风险的概率就会增加。常常有这样的情况，你干得好那是应该的，并不被人说好；一百个工程有一个出现问题，就会直接影响企业的品牌，影响到市场经营，甚至危及企业的生存。所以，防范监理责任风险是维护企业品牌要时时高度关注的大问题。

创建品牌企业和品牌产品是市场经济发展的需要，也是我国目前企业缺少市场竞争优势，不能与一些国外企业抗衡之处。一切有远见的企业家都应立足本企业的长远发展，打造优秀的品牌企业文化，为社会、为市场提供更多的品牌产品，为经济和社会发展作出更大的贡献。

以人为本创建学习型监理企业

扬州市金泰建设工程监理有限公司　缪士勇

摘　要：创建学习型监理企业是现代监理企业管理形态的根本变革，是时代发展的必然方向，对提高监理企业综合竞争力，提高经济效益实现可持续发展等有着十分重要的意义。

关键词：创建　学习型　监理企业

引言

当前，经济全球化趋势加速发展，新材料、新技术、新工艺、新设备不断涌现，科技进步日新月异，知识经济的快速发展正深刻改变着世界经济和社会的各个领域。

企业间的竞争也越来越表现为科技的竞争、知识的竞争、人才的竞争，当今企业的竞争，说到底是学习力的竞争，每个监理企业及每位员工只有跃身终身学习行列，不断增强学习力，运用当代最

新监理理论知识充实自己，培育和提高监理的能力，才能主动适应社会发展和时代要求。

作为监理企业，如何在激烈的市场竞争中发力，增强自己的竞争力，实现可持续发展使自己立于不败之地，创建学习型监理企业，不失为一个很好的举措。

一、创建学习型监理企业的重要意义

（一）创建学习型监理企业是时代发展进步的必然方向

新的世纪，我们迎来的是一个新的学习时代，新的学习时代要求创建学习型社会。欧盟发表"终身学习白皮书"、德国发表"汉堡宣言"……世界许多国家都在为创建学习型社会而努力。党的十六大报告强调"要形成全民学

习，终身学习的学习型社会，促进人的全面发展。"在这样一个良好的社会氛围和背景下，有了创建学习型监理企业需要的文化环境、土壤和阳光，使创建学习型监理企业成了有源之水、有本之木。

21世纪的社会是终身学习的时代。有人称21世纪出现频率最高的词汇将是"危机"，而解决这些无时无刻不在的危机唯一途径是：学习、学习、再学习。有资料表明，在全球500强企业中，50%以上都是学习型企业。美国排名前25位的企业，80%是学习型企业。全世界排名前10位的企业，100%是学习型企业。曾经有专家和学者指出，未来成功企业的模式必将是学习型组织。目前世界排行在前列的大企业，已有许多按照"学习型"企业模式进行了改造。世界管理大会曾提出，建立"学习型企业"是未来世界管理变革的十大趋势之一，认为"学习型企业"是未来成功企业的模式。实践证明通过加强和改进思想政治工作，把自己改造成为名副其实的"学习型企业"，已经成为许多企业在市场经济条件下提高市场竞争能力和创新能力的有效途径。在我国，"海尔""联想"等著名的企业也按照学习型企业的模式，加强了企业的全面建设，打造企业的核心竞争能力。在新的形势下，建设学习型监理企业有利于监理企业走向国际市场，提高监理服务的质量和竞争力，实现与国际接轨。

（二）创建学习型监理企业是企业发展的客观要求

创建学习型监理企业是企业自身发展的客观

要求，是深化企业改革、建立现代企业制度的需要，是现代企业管理形态的根本变革。时代在发展，企业在进步，科学技术对经济社会的决定作用越来越明显，极大地改变着当今社会的生产和方式，传统的思想、习惯，陈旧的知识、技能已不能适应现代监理企业的发展。创建学习型监理企业使监理员工具有时代感、紧迫感，努力学习现代科学文化和技术知识，成为具有专业监理理论知识，懂技术、会管理的复合型、智能型的人才是现代监理企业的客观要求。通过创建学习型监理企业，能使企业具有强大的学习力，最大限度地发挥监理员工的智力，并以最快速度、最短时间把学习到的新的监理理论知识、新信息等应用于监理企业的变革与创新中，以适应建筑市场和业主服务的需要。创建学习型监理企业是企业的生存之本，发展之魂，是企业参与知识经济时代竞争的必然选择，也是在市场竞争中站稳脚跟并赢得竞争的重要保证。

（三）创建学习型监理企业是企业提高竞争力实现可持续发展的必然要求

目前监理行业竞争激烈"僧多粥少"，如何在众多的同行中取得竞争优势，立于不败之地？在市场经济条件下，在世界经济全球化的进程中，优胜劣汰是不可抗拒的自然法则。创建学习型监理企业，是企业提高竞争力的需要。现代监理企业竞争的决定性因素是监理企业的竞争力，而竞争力的形成与发挥源于学习力的提高。学习力是监理企业的发展之源，竞争力是监理企业的制胜之本。创建学习型监理企业，要以监理企业的发展战略目标为监理企业员工的共同奋斗方向，拓展员工发展空间，促进员工和监理企业的共同发展，全面提升监理公司的管理水平、整体素质、核心竞争力、学习力、创新力，实现监理企业可持续发展。

（四）创建学习型监理企业是提高监理员工素质的有效途径

一个好的监理工程师不仅要求拥有全面的专业技术知识，经济管理知识、法律知识，一定的计算机知识，丰富的实践经验，而且还要有充沛的精力及善于交际的能力。通过创建学习型监理企业，可以进一步完善监理员、监理工程师、总监代表的知识结构和学历层次，建设一批高素质的学习型监理企业的领导班子、学习型项目监理部、学习型监理员工，做到"学习工作化，工作学习化"，使全体监理员工学习力、管理创新的能力不断提高。创新地开展各种培训，强化监理团队学习，让监理员工共享学习成果，实现监理员工队伍素质的整体突破。

（五）创建学习型监理企业是推进监理企业文化建设的有效载体

企业文化是企业凝聚和激励全体员工的重要力量，是企业综合实力的重要标志，是现代企业竞争力的核心。建设先进的企业文化，能够为企业的持续稳定发展提供强大的精神动力，能够有效地改善和提升企业的形象，使企业保持旺盛的生机和活力。企业文化建设是创建学习型组织的基础、载体和着力点。创建学习型监理企业会促进监理员工加深理解监理企业精神、发展战略等理念的内涵，促进监理企业文化理念更深入人心，有助于拓展和升华监理企业文化理念，有助于把公司的发展目标化为每个监理员工的具体行动，有助于监理员工更加珍惜监理企业信誉和形象、维护监理企业利益。

二、创建学习型监理企业的几点体会

（一）组织保证

监理企业领导应充分认识到创建学习型监理企业的工作是深化监理企业改革、增强监理企业核心竞争力的重要途径，是保证监理企业长久持续发展的必然要求，把它纳入重要议事日程，加强领导，明确责任，抓紧抓好，切实做好组织保证工作，把学习型监理企业建设的目标任务真正落实到实处。

监理企业领导决策层应认真研究公司所处的内外部环境，在充分分析监理员工队伍现状的基础上，把监理企业人力资源开发、监理企业员工培训、监理企业文化建设、监理企业管理创新等融入创建活动中，提出建设学习型监理企业的战略目标，制订符合本监理企业实际的创建方案，按照方案的部署，只有在组织保证下，才能稳步推进各阶段工作目标的实现。

（二）营造环境

创建学习型监理企业，需要建立一个有利于组织学习的环境，包括学习所需的硬件建设和软件建设。硬件建设，如专业书籍、仪器设备等；软件建设如网络平台、知识资源共享等为监理企业在监理员工个人学习、项目监理部团队学习、监理企业组织学习三个层面上都提供良好的条件，使监理企业员工具有能安心学习、善于学习和乐于学习的氛围与环境。另外，监理企业领导部门、项目监理部等应采用多种形式，如监理企业领导部门可通过每个月的总监会，项目监理部通过项目监理内部会议等展开全方位的宣传和发动，帮助监理员工提高对创建学习型监理企业的重要性、紧迫性和长期性的认识，加深对学习型监理企业的特征、内涵和基本要求的理解，使学习和接受教育成为监理企业各部门和个人的基本行为和生存状态。上至监理企业的领导，下至项目部的项目监理总监、总监代表、监理员形成人人关心、人人参与、人人研究的氛围，为创建学习型监理企业打下良好的坚实的思想基础。

（三）健全机制

创建学习型监理企业，是一项长期系统的工程，必须建立一套适应企业发展的完善机制作为保障。如何培育监理人才、留住人才、激发人才需要用人机制？如何激发监理员工的积极性、创造性、主动性需要激励机制？如何提升监理企业的自身的创造力？以一个创新组织之态在迅速变化的世界中不断发展需要创新机制。如何促进全体监理员工整体素质的提高及所需要的培训机制，等等。只有制度保证、机制完善才能使创建工作有效持久地进行，从而使监理企业保持旺盛的活力向前发展。

（四）统一目标

一个监理企业员工需要有一个共同的努力目

标，需要把全体监理员工的向心力汇聚到为企业的目标而共同努力上，只有这样才会激发起全体监理员工的积极性、主动性和创造性。创建学习型监理企业统一目标可促进监理员工的个人理想目标、项目监理部目标与监理企业的目标合一，融为一体，实现不同层次目标的相互整合，使全体监理员工紧密地团结在一起，心往一处想，劲往一处，形成一种以企业为核心的强烈的向心力和竞争力，营造齐心协力、共谋发展的良好氛围，这样更能增强企业的凝聚力和对人才的吸引力，不断推动着企业的发展。

（五）更新理念

社会的变革，首先在于人们观念的变革。创建学习型监理企业，要以更新观念为先导用全新的学习理念指导学习型监理企业建设工作。观念创新、树立全新的学习观念是建设学习型监理企业的前提和灵魂，要树立以"终身学习""团队学习""在工作中学习，在学习中工作""终身学习是信息社会必然趋势""学习是成功的源泉"等现代教育理念，把监理企业员工的个人理想同监理企业发展目标结合起来，形成学习工作化、工作学习化的良好氛围，把工作的过程看作是学习的过程，把学习与工作一样要求，一样对待，使学习逐步成为监理企业员工生活的自觉需要。

（六）不断创新

创新是学习型监理企业的核心，是可持续发展的动力。没有创新能力，也就不是学习型企业。学习型监理企业应在学习中不断实现监理理论创新、机制创新、管理创新、科技创新、文化创新、模式创新和监理方法的创新，在创新中获得生机，在创新中赢得机遇，在创新中得以发展，不断增强监理企业的综合竞争优势。如创造性地拓展监理服务的内容：工程项目决策、施工招投标、工程设计等监理服务内容，打破思维定式和固有模式的束缚会为监理的工作开辟出另一番新天地。假如一个监理员工把监理工作看作是换取报酬的工具或者是当作以后跳槽的资本，那么他的创造力就不大了。如果一个监理员工认为监理工作是发挥自己的才能，创造一个美好的人生，创造一个美好的事业，实现自己人生价值时，那么这个人的能量就很大，由此监理企业的力量就增强了。

（七）以人为本

学习型监理企业应以监理员工的发展为中心，以满足监理员工不同层次的需要为核心，注重发挥和调动人的潜能和积极性，做到"以人为本"，让监理员工做对他适合的工作，发挥自己最大的潜在能力，并能不断地创造和发展。

作为监理企业应更好地从文化心理上去满足监理企业职工的高层次需要，从文化上对监理职工加以调控和引导，帮助他们实现各自的愿望、理想，表现他们的情感、思想、兴趣、能力使他们能够生活在这样一个氛围中，即不仅感觉到自己是一个被管理者，同时也能够在感情归属、获得安全感和尊敬以及最后的自我实现方面，都有很大的发展余地。

（八）循序渐进

学习型监理企业的创建，不能一蹴而就，它是系统工程，具有一定的程序，是经过一个持续的修炼过程，只有通过逐级深入的宣传、学习和有序地推进，使全体监理企业员工，尤其是监理企业领导人从中悟出学习型组织的真谛，只有从观念彻底更新，才可能满腔热情，全身心投入，与其他监理员工同心协力共创学习型监理企业，使监理企业更加辉煌。

（九）全员参与

学习是扩展个人能力，实现自我超越的基本途径，要充分发挥每个监理员工在学习中的主动性，确立其在创建学习型监理企业中的主体地位。每个监理员工都应从履行社会责任，实现个人价值与共创企业美好未来的高度来体悟学习和工作的意义，形成全员参与、全员学习、全员提高的学习氛围。监理员工是监理企业的主体，创建学习型监理企业，只有全员、全过程参与，以全体监理员工不断增长的学习力和创造力为支撑，才有监理企业的未来发展。

（十）学以致用

学习的目的是为了运用，运用后才会更好地促进学习。创建学习型监理企业，要注意把学习型组织理论、成功企业创建经验与监理企业的发展战略有效结合起来，积极探索符合本监理企业实际的创建形式，要及时把学到的新的监理理论知识、新的技能运用到实际工作中去，而不是把学习与实际工作割裂开来。通过提高监理企业员工的学习力，来提高监理企业的竞争力。如果一个监理企业仅仅是为了学习而学习，是毫无意义的，一个监理企业的员工整天学习而不能把学习转化成创造自我与未来的能量，那就不是一个学习型的组织，要结合建设工程的实际，做到学以所用、学以致用。

三、结语

创建学习型监理企业只有起点、没有终点，是一项长期、系统、永无止境的工作，只有深入持续地开展，才能取得成效，同时更要注重过程控制，要学会在实践中摸索，在摸索中提高，及时总结和推广创建过程中的阶段经验和成果，推动创建学习型监理企业工作向纵深发展。

世界上没有一套固定的适应一切企业的管理体系，我们在创建学习型监理企业时，在吸取国外企业管理先进经验的同时，更应紧密结合中国的国情及监理企业自身的特点，根据现代管理的基本原则探索一条适合自己监理企业特色的道路。

参考文献

[1] 苏曼德拉·戈沙尔.以人为本的企业.中国人民大学出版社，2008－11－01.
[2] 梁丰.创建学习型企业 提升企业核心竞争力.企业导报，2011.
[3] 张丽娜.关于学习型企业文化创建问题的探讨.山西科技，2010.
[4] 顾晓明.学习型企业建设研究.上海交通大学，2010.

《中国建设监理与咨询》征稿启事

《中国建设监理与咨询》是中国建设监理协会与中国建筑工业出版社合作出版的连续出版物，侧重于监理与咨询的理论探讨、政策研究、技术创新、学术研究和经验推介，为广大监理企业和从业者提供信息交流的平台，宣传推广优秀企业和项目。

一、栏目设置：政策法规、行业动态、人物专访、监理论坛、项目管理与咨询、创新与研究、企业文化、人才培养。

二、投稿邮箱：zgjsjlxh@163.com，投稿时请务必注明联系电话和邮寄地址等内容。

三、投稿须知：

1. 来稿要求原创，主题明确、观点新颖、内容真实、论据可靠，图表规范，数据准确，文字简练通顺，层次清晰，标点符号规范。

2. 作者确保稿件的原创性，不一稿多投、不涉及保密、署名无争议，文责自负。本编辑部有权作内容层次、语言文字和编辑规范方面的删改。如不同意删改，请在投稿时特别说明。请作者自留底稿，恕不退稿。

3. 来稿按以下顺序表述：①题名；②作者（含合作者）姓名、单位；③摘要（300字以内）；④关键词（2~5个）；⑤正文；⑥参考文献。

4. 来稿以4000～6000字为宜，建议提供与文章内容相关的图片（JPG格式）。

5. 来稿经录用刊载后，即免费赠送作者当期《中国建设监理与咨询》一本。

本征稿启事长期有效，欢迎广大监理工作者和研究者积极投稿！

欢迎订阅《中国建设监理与咨询》

《中国建设监理与咨询》面向各级建设主管部门和监理企业的管理者和从业者，面向国内高校相关专业的专家学者和学生，以及其他关心我国监理事业改革和发展的人士。

《中国建设监理与咨询》内容主要包括监理相关法律法规及政策解读；监理企业管理发展经验介绍和人才培养等热点、难点问题研讨；各类工程项目管理经验交流；监理理论研究及前沿技术介绍等。

《中国建设监理与咨询》征订单回执（2017）

订阅人信息	单位名称					
	详细地址				邮编	
	收件人				联系电话	
出版物信息	全年（6）期	每期（35）元	全年（210）元/套（含邮寄费用）		付款方式	银行汇款

订阅信息
订阅自2017年1月至2017年12月，_____套（共计6期/年）　　　付款金额合计¥_____元。

发票信息
□开具发票（若需填写税号等信息，请特别备注） 发票抬头：_____ 发票类型：一般增值税发票 发票寄送地址：□收刊地址　□其他地址 地址：_____　邮编：_____　收件人：_____　联系电话：_____

付款方式：请汇至"中国建筑书店有限责任公司"

银行汇款 □ 户　名：中国建筑书店有限责任公司 开户行：中国建设银行北京甘家口支行 账　号：1100 1085 6000 5300 6825

备注：为便于我们更好地为您服务，以上资料请您详细填写。汇款时请注明征订《中国建设监理与咨询》并请将征订单回执与汇款底单一并传真或发邮件至中国建设监理协会信息部，传真010-68346832，邮箱zgjsjlxh@163.com。

联系人：中国建设监理协会　王北卫　孙璐，电话：010-68346832。

中国建筑工业出版社　焦阳，电话：010-58337250。

中国建筑书店　电话：010-68324255（发票咨询）

《中国建设监理与咨询》协办单位

 北京市建设监理协会 会长：李伟	 中国铁道工程建设协会 副秘书长兼监理委员会主任：肖上潘	 京兴国际工程管理有限公司 执行董事兼总经理：李明安	 北京兴电国际工程管理有限公司 董事长兼总经理：张铁明
 北京五环国际工程管理有限公司 总经理：李兵	 中国水利水电建设工程咨询北京有限公司 总经理：孙晓博	 鑫诚建设监理咨询有限公司 董事长：严弟勇 总经理：张国明	 北京希达建设监理有限责任公司 总经理：黄强
 中船重工海鑫工程管理（北京）有限公司 总经理：栾继强	 中咨工程建设监理公司 总经理：杨恒泰	 山西省建设监理协会 会长：唐桂莲	 山西省建设监理有限公司 董事长：田哲远
 山西煤炭建设监理咨询公司 执行董事兼总经理：陈怀耀	 山西和祥建通工程项目管理有限公司 执行董事：王贵展 副总经理：段剑飞	 太原理工大成工程有限公司 董事长：周晋华	 山西省煤炭建设监理有限公司 总经理：苏锁成
 山西震益工程建设监理有限公司 董事长：黄官狮	 山西神剑建设监理有限公司 董事长：林群	 山西共达建设工程项目管理有限公司 总经理：王京民	 晋中市正元建设监理有限公司 执行董事兼总经理：李志涌
 运城市金苑工程监理有限公司 董事长：卢尚武	 吉林梦溪工程管理有限公司 总经理：张惠兵	 沈阳市工程监理咨询有限公司 董事长：王光友	 大连大保建设管理有限公司 董事长：张建东 总经理：柯洪清
 上海建科工程咨询有限公司 总经理：张强	 上海振华工程咨询有限公司 总经理：徐跃东	 山东同力建设项目管理有限公司 董事长：许继文	 山东东方监理咨询有限公司 董事长：李波
 江苏誉达工程项目管理有限公司 董事长：李泉	 连云港市建设监理有限公司 董事长兼总经理：谢永庆	 江苏赛华建设监理有限公司 董事长：王成武	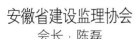 江苏建科建设监理有限公司 董事长：陈贵 总经理：吕所章
安徽省建设监理协会 会长：陈磊	 合肥工大建设监理有限责任公司 总经理：王章虎	 浙江省建设工程监理管理协会 副会长兼秘书长：章钟	 浙江江南工程管理股份有限公司 董事长总经理：李建军
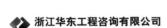 浙江华东工程咨询有限公司 执行董事 叶锦锋 总经理：吕勇	 浙江嘉宇工程管理有限公司 董事长：张建 总经理：卢甬	 江西同济建设项目管理股份有限公司 法人代表：蔡毅 经理：何祥国	 福州市建设监理协会 理事长：饶舜
 厦门海投建设监理咨询有限公司 法定代表人：蔡元发 总经理：白皓	 驿涛项目管理有限公司 董事长：叶华阳	 河南省建设监理协会 会长：陈海勤	 郑州中兴工程监理有限公司 执行董事兼总经理：李振文

《中国建设监理与咨询》协办单位

 河南建达工程建设监理公司 总经理：蒋晓东	 河南清鸿建设咨询有限公司 董事长：贾铁军	 河南建基工程管理有限公司 总经理：黄春晓	 郑州基业工程监理有限公司 董事长：潘彬
 中汽智达（洛阳）建设监理有限公司 董事长兼总经理：刘耀民	 河南省光大建设管理有限公司 董事长：郭芳州	 河南方阵工程监理有限公司 总经理：宋伟良	 武汉华胜工程建设科技有限公司 董事长：汪成庆
湖南省建设监理协会 常务副会长兼秘书长：屠名瑚	 长沙华星建设监理有限公司 总经理：胡志荣	 湖南长顺项目管理有限公司 董事长：潘祥明 总经理：黄劲松	 深圳市监理工程师协会 会长：方向辉
 广东工程建设监理有限公司 总经理：毕德峰	 重庆赛迪工程咨询有限公司 董事长兼总经理：冉鹏	 重庆联盛建设项目管理有限公司 总经理：雷开贵	 重庆华兴工程咨询有限公司 董事长：胡明健
 重庆正信建设监理有限公司 董事长：程辉汉	 重庆林鸥监理咨询有限公司 总经理：肖波	 重庆兴宇工程建设监理有限公司 总经理：唐银彬	 四川二滩国际工程咨询有限责任公司 董事长：赵雄飞
 成都晨越建设项目管理股份有限公司 董事长：王宏毅	 云南省建设监理协会 会长：杨丽	 云南新迪建设咨询监理有限公司 董事长兼总经理：杨丽	 云南国开建设监理咨询有限公司 执行董事兼总经理：张葆华
 贵州省建设监理协会 会长：杨国华	 贵州建工监理咨询有限公司 总经理：张勤	 西安高新建设监理有限责任公司 董事长兼总经理：范中东	 西安铁一院工程咨询监理有限责任公司 总经理：杨南辉
 西安普迈项目管理有限公司 董事长：王斌	 西安四方建设监理有限责任公司 董事长：史勇忠	 华春建设工程项目管理有限责任公司 董事长：王勇	 陕西华茂建设监理咨询有限公司 总经理：阎平
 永明项目管理有限公司 董事长：张平	 甘肃经纬建设监理咨询有限责任公司 董事长：薛明利	 甘肃省建设监理公司 董事长：魏和中	 新疆昆仑工程监理有限责任公司 总经理：曹志勇
 广州宏达工程顾问有限公司 总经理：伍忠民	 河南方大建设工程管理股份有限公司 董事长：李宗峰	 河南省万安工程建设监理有限公司 董事长：郑俊杰	 中元方工程咨询有限公司 董事长：张存钦

中国铁道工程建设协会

中国铁道工程建设协会是从事铁路工程建设的设计、施工、监理、咨询、建设单位和相关科研教学、设备制造等企事业单位以及有关专业人士，自愿参加组成的全国性行业组织。协会是经铁道部批准成立、民政部登记注册、现由中国铁路总公司主管的具有法人地位的非营利性社会团体，是中国铁路工程建筑业行业协会。协会前身是铁道工程企业管理协会，1985年9月24日在北京成立，1991年经铁道部和民政部批准，更名为"中国铁道工程建设协会"。理事会的常设办事机构为秘书处，在秘书长的领导下，处理协会的日常工作。目前，铁道工程建设协会拥有从事铁路勘察设计、建筑施工、工程监理、技术咨询、建设管理、装备制造的单位以及相关科研院校等团体会员150家。中国中铁、中国铁建、中国建筑、中国交通建设、中联重科等是一些国内外知名的特大型企业，以及北京交通大学、兰州交通大学、同济大学、中南大学、西南交通大学等著名大专院校也都在协会工作中发挥着重要作用。

建设监理专业委员会是中国铁道工程建设协会的分支机构，成立于2003年，现有会员102家。协会自成立以来始终坚持党的路线方针政策，通过行业管理、信息交流、业务培训、咨询服务、评先评优、标准制定、国际合作等形式，为铁路建设服务，为铁路监理行业发展和会员单位服务，为政府主管部门服务。按照社会主义市场经济的要求，联合监理行业各方面力量，围绕铁路监理行业发展的热点、难点、焦点问题，开展调查研究，反映会员诉求；围绕高速铁路建设的需要，积极开展铁路监理人员的培训，10多年来共培训铁路总监理工程师、铁路监理工程师、监理员33000多人，为铁路工程建设打下了良好的基础；围绕铁路标准化建设，组织编写《铁路建设监理工作标准化指导书》12册，推广新技术、新工艺、新流程、新装备、新材料的应用，推动企业技术进步，促进行业科技水平提高；围绕中外合作监理，学习借鉴国际上高速铁路成熟的技术和管理经验，召开中外合作咨询监理技术交流座谈会，开展境外交流，组织监理公司负责人到欧洲等国家考察高速铁路的建设管理经验，帮助企业培训经营者和专业管理人才，加强企业人才队伍建设；组织开展行业诚信建设，指导企业和监理人员合法经营、依法监理；引导企业加强质量安全管理，提高质量安全意识和工程质量；开展评先评优，促进企业创新发展。利用刊物、网站提供信息服务；开展咨询服务，指导企业改善管理，提高效益。

10多年来，中国铁道工程建设协会建设监理专业委员会所属会员单位，在国家的重点项目建设中都留下了他们的足迹，尤其是在铁路建设中发挥了重要的作用，参与了举世瞩目的京沪高铁、京广高铁、京津城际高速铁路、哈大高铁、青藏铁路等铁路重点项目建设，取得了令人欣慰的成绩，为中国高铁走出国门发挥了重要的作用。目前，所属会员企业正以高昂的斗志，奋力拼搏，为全面完成"十二五"铁路规划努力奋斗。

中国铁道工程建设协会建设监理专业委员会三届五次全体会员大会

培训工作：监理委员会与培训单位研究培训教育工作

学习考察：协会会员单位到三峡大坝学习三峡工程建设经验

监理委员会领导到现场调研高速铁路建设和标准化管理情况

国际交流：协会会员单位与德国PEC+S咨询公司交流高铁建设技术

安徽省建设监理协会

安徽省建设监理协会四届四次理事会暨四届三次常务理事会

会上颁发"安徽省建设监理行业30强企业"铜牌

安徽省建设监理协会召开部分会员单位负责人座谈会

中南五省建设监理协会联谊会在安徽黄山召开

安徽省建设监理协会成立于1996年9月，是经安徽省民间组织管理局核准注册登记非营利社会法人单位，由安徽省住房和城乡建设厅为业务领导。协会在中国建设监理协会、省住建厅、省民管局、省民间组织联合会的关怀与支持下，通过全体会员单位的共同努力，围绕"维权、服务、协调、自律"四大职能，积极主动开展活动，取得了一定成效。现有会员单位273家，理事100人。

近二十年来协会坚持民主办会，做好双向服务，发挥助手、桥梁纽带作用，主动承担和完成政府主管部门和上级协会交办的工作。深入地市和企业调研，及时传达贯彻国家有关法律、法规、规范、标准等，并将存在的问题及时向行政主管部门反映，帮助处理行业内各会员单位遇到的困难和问题，竭诚为会员服务，积极为会员单位维权。

通过协会工作人员共同努力，各项工作一步一个台阶，不断完善各项管理制度，在规范管理上下功夫。积极做好协调，狠抓行业诚信自律。协会还开展了各项活动，同省外兄弟协会、企业沟通交流，充分运用协调手段，提升行业整体素质。

在经济新常态及行业深化改革的大背景下，安徽省建设监理协会按照建筑业转型升级的总体部署，进一步深化改革，促进企业转型，加快企业发展，为推进安徽省有条件的监理企业向项目管理转型提供有力的支持。

协会2015年荣获安徽省第四届省属"百优社会组织"称号；2016年被安徽省民政厅评为4A级中国社会组织。

新时期、新形势，监理行业面临着不断变化的新情况、新难题。因此不断改革创新、转变工作思路已经成为一种新常态，这既是对监理行业的挑战，同时也给监理企业的发展提供了新契机。协会将充分发挥企业与政府间的桥梁纽带作用，不断增强行业凝聚力和战斗力，加强协会自身建设，提高协会工作水平，为监理行业的发展作出新的贡献。

地　址：安徽省合肥市包河区紫云路996号省城乡规划
　　　　建设大厦408室
邮　编：230091
电　话：0551-62876469、62876429
网　址：www.ahaec.org

北京兴电国际工程管理有限公司

北京兴电国际工程管理有限公司（简称兴电国际）成立于1993年，是隶属于中国电力工程有限公司的中央管理企业，是我国工程建设监理的先行者之一。兴电国际具有国家工程监理（项目管理）综合资质、招标代理甲级资质、造价咨询甲级资质，业务覆盖国内外各类工程监理、项目管理、招标代理及造价咨询等工程管理服务。兴电国际是全国先进监理企业、全国招标代理机构诚信创优先进单位及全国3A级信用单位，是中国建设监理协会理事单位、中国招标投标协会理事单位、北京市建设监理协会及中国机械行业监理协会副会长单位，参与了全国建筑物电气装置标准化技术委员会（IEC-TC64）的管理工作，参编了部分国家标准、行业标准及地方标准，主编了国家注册监理工程师继续教育教材《机电安装工程》。

兴电国际拥有优秀的团队。现有员工600余人，其中高级专业技术职称的人员近90人（包括教授级高工16人），各类国家注册工程师（包括监理工程师、造价工程师、招标师、安全工程师、结构工程师、设备监理师、咨询工程师等）、项目管理专家（PMP、IPMP）、香港建筑测量师及英国皇家特许建造师等200余人次，专业齐全，年龄结构合理。兴电国际还拥有1名中国工程监理大师。

兴电国际工程监理业绩丰富。先后承担了国内外超高层建筑及大型城市综合体、大型公共建筑、大型居住区、市政环保、电力能源及各类工业工程的工程监理1700余项，总面积约3700万平方米，累计总投资750余亿元。公司共有200余项工程荣获中国土木工程詹天佑奖、中国建设工程鲁班奖（国家优质工程）、中国钢结构金质奖、北京市长城杯及省市优质工程，积累了丰富的工程创优经验。

兴电国际项目管理业绩丰富。先后承接了国内外新建工程、改扩建工程的项目管理100余项，总面积约100万平方米，累计总投资100余亿元。涉及公共建筑、公寓住宅、市政基础设施及电力能源等工程。形成了工程咨询、医疗健康、装修改造及PPP项目等业务领域，积累了丰富的经验。

兴电国际招标代理业绩丰富。先后承担了国内外各类工程招标、材料设备招标及服务招标1710余项，累计招标金额460余亿元，其中包括大型公共建筑和公寓住宅、市政环保、电力能源及各类工业工程。公司在多年的招标代理实践中，积累了丰富的从工程总承包到专业分包，从各类材料设备到各类服务的招标代理服务经验。

兴电国际造价咨询业绩丰富。先后为国内外各行业顾客提供包括编制及审查投资估算、项目经济评价、工程概（预、结）算、工程量清单及工程标底、全过程造价咨询及过程审计在内的造价咨询服务300余项，累计咨询金额300余亿元，其中包括大型公共建筑和公寓住宅、市政环保、电力能源及各类工业工程。公司在多年的造价咨询实践中积累了丰富的经验，取得了较好的社会效益和经济效益，得到客户的好评。

兴电国际管理规范科学。质量、环境、职业健康安全一体化管理体系已实施多年，工程监理、项目管理、招标代理及造价咨询等工程管理服务的各环节均有成熟的管理体系保证。公司重视整体优势的发挥，由总工程师及各专业总工程师组成的技术委员会构成了公司的技术支持体系，一批享受政府津贴及各专业领域资深在岗专家组成的专家组，及时为项目部提供权威性技术支持，项目部及专业工程师的定期经验交流，使公司在各项目实践中积累的工程管理经验成为全公司的共同财富，使项目部为客户提供的工程管理服务成为公司整体实力的集中体现。

兴电国际装备先进齐全。拥有先进的检测设备及其他技术装备，采用现代化管理方式，建立了公司的信息化管理系统，实现了公司总部与各现场项目部计算机联网，为公司项目执行提供及时可靠的信息支持。

兴电国际注重企业文化建设。为了建设具有公信力的一流工程管理公司的理想，兴电国际秉承人文精神，明确了企业使命和价值观：超值服务，致力于客户事业的成功；创造价值，使所有的利益相关者受益。公司核心的利益相关者是客户，公司视客户为合作伙伴，客户的成功将印证我们实现员工和企业抱负的能力。

为此，我们赋予兴电国际的管理方针以崭新的含义：

● 科学管理：追求以现代的管理理念——"八项质量管理原则"实施工程管理服务。

● 优质服务：追求优质的工程管理服务，以争取超越客户的需求和期望。

● 保护环境：把预防污染、节能降耗、美化环境，作为应承担的社会责任，以保护我们共有的家园。

● 健康安全：秉承以人为本的基本理念，通过危险源辨识、风险评价和控制，最大限度地减少员工和相关方的职业健康安全风险。

● 持续改进：通过持续改进质量、环境、职业健康安全管理体系，以提高公司的整体管理能力。

● 客户满意：兴电国际代表着一种创造价值的能力，客户满意是我们提供工程管理服务的永恒宗旨。

这些理念是兴电国际这艘航船的指南针，并在兴电国际持续改进的管理体系中得到了具体体现。

兴电国际期盼着能与您同舟共济，以超值的工程管理服务，为共同打造无愧于时代的精品工程保驾护航。

让我们共同努力，来实现我们的理想、使命和价值观，为我们所服务的顾客、企业、员工和社会创造价值！

中国国际贸易中心（工程监理）

沈阳盛京金融广场（工程监理）

北京南宫生活垃圾焚烧发电厂（工程监理）

赤道几内亚马拉博国家电网工程（项目管理）

外交部和谐雅园（项目管理、招标代理、造价咨询、工程监理）

北京英特宜家购物中心（招标代理、工程监理）

国家体育总局自行车击剑运动管理中心（招标代理）

中国航信高科技产业园（造价咨询）

北京中央公园广场（工程监理）

地　址：北京市海淀区首体南路9号中国电工大厦
邮　编：100048
电　话：010-68798200
传　真：010-68798201
网　址：www.xdgj.com
邮　箱：xdgj@xdgj.com

国家体育场－鸟巢

北京首都国际机场 T3 航站楼工程

中石化科研及办公用房

公安部办公楼

京沪高铁

苏州博物馆新馆

西藏三大重点文物保护维修工程

宁夏灵武电厂百万超临界机组

国庆 60 周年天安门观礼台

重庆地铁 6 号线一期工程

中咨工程建设监理公司

　　中咨工程建设监理公司成立于 1989 年，是中国国际工程咨询公司的全资企业，注册资金 1 亿元，具有工程监理综合资质以及设备监理、工程咨询、招标代理（国家发改委、住房和城乡建设部）、地质灾害治理工程监理、公路工程监理、人民防空工程建设监理等甲级资质，还具有通信建设监理资质。公司专业提供工程监理、设备监理、项目管理、项目代建、招标代理、造价咨询、工程前期咨询等全过程工程建设管理服务，业绩覆盖大型公建、工业、能源、交通、市政、城市轨道、矿山等行业，遍布全国 31 个省、市、自治区以及缅甸、埃及等亚、非国家，是我国从事监理业务最早、规模最大、业绩最多、行业最广的监理企业之一。

　　近年来，公司先后承接和完成了国家体育场（鸟巢）、首都机场 T2 和 T3 航站楼、国家审计署和国家最高人民检察院办公楼、北京市政务服务中心、北京天津重庆深圳等城市地铁、杭州湾跨海大桥、京沪高铁、武汉长江隧道、重庆三峡库区地灾治理、中石油广西和四川千万吨炼油、深圳大运中心、空客 A320 系列飞机中国总装线、台山核电站、宁夏灵武电厂、宁波钢铁公司、国家储备粮库等国家重点建设工程的监理和项目管理任务，其中 35 个项目荣获"鲁班奖"、7 个项目荣获"詹天佑奖"、30 个项目荣获"国家优质工程奖"，近 400 个项目获得各类省部级奖项，多次被评为中国建设监理协会和北京市建设监理协会"先进监理单位"，2008 年被北京市委、市政府和北京奥组委联合授予"北京奥运会残奥会先进集体"和"奥运工程建设先进集体"等荣誉称号，"中咨监理"已成为国内工程建设管理领域响亮的品牌。

　　公司人力资源充足，专业齐全，拥有一支以"百名优秀总监（项目经理）"为核心的高素质人才队伍，能够熟练应用国际通用项目管理软件，开发了具有自主知识产权的"办公自动化管理系统"和"项目在线智能管理系统"，通过了 ISO 9001:2008 质量管理体系、ISO14001:2004 环境管理体系和 GB/T 28001-2011 职业健康安全管理体系认证。公司还是国际咨询工程师联合会（FIDIC）、中国建设监理协会、中国设备监理协会、中国铁道工程建设协会和中国土木工程学会会员，中国招标投标协会理事，中国通信企业协会理事单位和北京市建设监理协会副会长单位。

　　面向未来，公司将继续坚持以科学发展观为指导，以"致力于成为行业领先、业主信赖、具有国际竞争力的工程管理服务机构"为目标，牢记"为客户实现价值、为社会打造精品"的使命，树立"竞争促进发展、合作实现共赢"的经营理念，坚持"守法、诚信、公正、科学"的行为准则，以"团队、敬业、求实、创新"为企业文化核心，矢志不渝地为广大客户提供更加优质的服务。

地　址：北京市海淀区车公庄西路 25 号
电　话：010-56392311（办公室）
　　　　010-56392339（事业发展部）
　　　　010-56392335（人力资源部）
网　址：http:zzjl.ciecc.com.cn

山西和祥建通工程项目管理有限公司

　　山西和祥建通工程项目管理有限公司（简称"和祥建通"）成立于1991年，是华电集团旗下唯一具有"双甲"资质（电力工程、房屋建筑工程）的监理企业。主营业务有工程监理、项目管理、招标代理及相关技术服务。

　　公司现为中国建设监理协会、中国电力建设企业协会、山西省招投标协会、山西省工程造价管理协会、山西省建筑业协会会员单位，山西省建设监理协会副会长单位，企业信用评价AAA级企业。

　　公司的业务范围涉及电力、新能源、房屋建筑、市政、造价咨询等多个专业领域，迄今为止共监理电力项目106项，总装机容量5260万kW；电网项目434项，变电容量6800万kVA，输电线路18000km；工业与民用建筑项目44个，建筑总面积90万m²。

　　公司以丰富的项目管理和工程监理经验，完善的项目管理体系，成熟的项目管理团队和长期的品牌积累，构成了和祥建通独特的综合服务优势，创造了业内多项第一。多项工程获得国家鲁班奖、国家优质工程奖、中国电力工程优质奖。

　　和祥建通是全国第一家监理了60万kW超临界直接空冷机组、30万kW直接空冷供热机组、20万kW间接空冷机组，第一家监理了1000kV特高压输电线路设计、煤层气发电项目、垃圾焚烧发电项目、煤基油综合利用发电项目、燃气轮机空冷发电项目的监理公司，也是首批实现了监理向工程项目管理转型的企业。

　　公司连续18年被评为"山西省建设监理先进单位"。2007年被评为"太原市高新区纳税10强企业"；2008年获得"三晋工程监理企业20强"荣誉称号、"第十届全国建筑施工企业优秀单位"；2010年获得"全国先进工程监理企业"；2011年获得"华电集团公司四好领导班子创先进集体"；2014年获得"中国建设监理行业先进监理企业"；2015年获得"华电集团文明单位"；2016年获得"三晋监理二十强"、"全国电力建设诚信典型企业"称号。

　　回顾过去，我们的企业在开拓中发展，在发展中壮大，曾经创造过辉煌；放眼未来，面对新的机遇和挑战，我们将迈入一个全新的跨越式战略发展阶段。我们的使命是：推动工程管理进步；我们的愿景是：成为受推崇、可信赖的工程管理专家。和祥建通人将秉承"秉和致祥·善建则通"的核心价值观；持续改进、追求卓越、成就所托、超越期待是我们永恒的目标和庄重的承诺！

地　址：山西省太原市高新区产业路5号科宇创业园
邮　编：030006
Email：hxjtzhb@163.com

太原第一热电厂六期扩建2×300MW机组工程

山西阳光发电有限责任公司3号、4号发电机组（2×300MW）工程

印度尼西亚巴厘岛3×142MW燃煤电厂

项目管理承包建设的武乡电厂（2×600MW机组）

中电投大连甘井子热电2×300MW机组工程

太钢技术改造工程建设全景

太钢冷连轧工程

俯瞰袁家村铁矿工程

山西震益工程建设监理有限公司

山西震益工程建设监理有限公司，原为太钢工程监理有限公司，于2006年7月改制为有限责任公司。是具有冶炼、电力、矿山、房屋建筑、市政公用、公路等工程监理、工程试验检测、设备监理甲级执业资质的综合性工程咨询服务企业。主要业务涉及冶金、矿山、电力、机械、房屋建筑、市政、环保、公路等领域的工程建设监理、设备监理、工程咨询、造价咨询、检测试验等。

公司拥有一支人员素质高、技术力量雄厚、专业配套能力强的高水平监理队伍，现有职工500余人。其中各类国家级注册工程师163人，省（部）级监理工程师334人，高级职称58人、中级职称386人。各类专业技术人员配套齐全、技术水平高、管理能力强，具有长期从事大中型建设工程项目管理经历和经验，具有良好的职业道德和敬业精神。

公司先后承担了工业及民用建设大中型工程项目500余个，足迹遍及国内二十多个省市乃至国外，在全国各地四千余个制造厂家进行了驻厂设备监理。有近100项工程分别获得"新中国成立六十周年百项经典暨精品工程奖"、"中国建设工程鲁班奖"、"国家优质工程——金质奖"、"冶金工业优质工程"、"山西省优良工程"、山西省"汾水杯"质量奖、山西省及太原市"安全文明施工样板"工地等。

依托公司良好的业绩和信誉，公司近年来连续获得国家、冶金行业及山西省"优秀/先进监理企业"称号、太原市"守法诚信"单位等。《中国质量报》曾多次报道介绍企业的先进事迹。

公司注重企业文化建设，以"追求卓越、奉献精品"为企业使命，秉承"精心、精细、精益"特色理念，围绕"建设最具公信力的监理企业"企业目标，创建学习型企业，打造山西震益品牌，为社会各界提供优质产品和服务。

焦炉煤气脱硫脱氰工程

2250mm 热轧工程

花园国际酒店

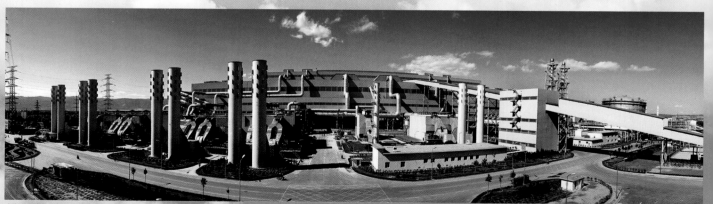
太钢新炼钢工程全景

沈阳市工程监理咨询有限公司
SHENYANG ENGINEERING SUPERVISION&CONSULTATION CO.,LTD.

沈阳市工程监理咨询有限公司（沈阳监理）成立于1993年1月1日，公司具有住建部批准的工程监理综合资质，同时具有商务部批准的对外援助成套项目管理企业资格和对外援助项目咨询服务（检查验收）资格，是中国建设监理协会会员单位，已通过ISO9001质量、环境及职业健康安全管理体系三整合体系认证，持有国家工商总局核准注册的品牌商标，旗下拥有"沈阳监理""沈阳管理""沈阳咨询"三大核心品牌。公司荣登沈阳市诚信"红黑榜"监理企业红榜榜首，是连续十年的省市先进监理企业，是多年的辽沈"守合同重信用"企业，也是辽沈人民爱戴的监理品牌企业。

公司现有员工520人，其中拥有国家级注册证书人员125人，援外备案监理工程师120人。公司以房屋建筑、市政公用、公路、通信、电力行业监理、管理、咨询服务为主，逐步拓展监理综合资质范围内的新领域，夯实援外成套项目管理，发展国际工程承包工程监理和咨询服务业务。提高项目管理和咨询服务能力，努力实现管理咨询服务项目全产业链化覆盖。坚持科学发展，以创业、创新思维，整合优势资源，不断推出新的技术服务产品，满足客户需要。

公司全面建立并完善了现代企业的管理制度，力求做监理咨询、工程卫士，遵纪守法，将社会效益放在首位，用优质的服务产品、高效的咨询管理为客户提供优质的服务，拓展国内外市场。

公司与万科、华润、香港恒隆、香港新世界等国内外知名品牌地产商共同成长，并获得了他们的信任和支持。在援非盟会议中心项目中商务部领导给予公司"讲政治、顾大局"的高度评价，承担了援加蓬体育场、援斯里兰卡国家艺术剧院、莫桑比克马普托国际机场、莫桑比克贝拉N6公路、马达加斯加五星级酒店等70多项援外和国际工程承包项目监理及管理服务工作。

近年来，公司承担监理和实施项目管理的国内外工程项目所获奖项涵盖面广，囊括了建设部的所有奖项和市政部门的最高奖项。共荣获国家级奖项9项，省市奖项近百项，多次的省检国检获得建设管理部门的表彰。

自2010年起，公司已经意识到作为辽沈地区龙头企业的发展方向，积极开拓新产品，顾问咨询，项目实施过程中和交付前的第三方评估，政府咨询顾问、全过程项目管理业务全面展开，并获得了所服务客户的认可与好评，满足了建设单位对优质顾问咨询服务的迫切要求，通过与华润、幸福基业、万科、康平新城、浑南新城的合作，既为克服目前的经济周期奠定了基础，也打造了一支过硬的管理咨询团队，向国际一流的咨询管理企业学习，实现公司向外埠要项目、向国外要发展、走出去的战略，早日实现打造集工程监理与项目管理一体化，投资、融资于一身的诚信、名牌的国际工程管理顾问公司，成为中国监理行业的领跑者。

加蓬体育场 – 中国建设工程鲁班奖（境外工程）

斯里兰卡国家大剧院 – 中国建设工程鲁班奖（境外工程）

非盟会议中心 – 中国建设工程鲁班奖（境外工程）

沈阳万科魅力之城工程 – 中国土木工程詹天佑奖优秀住宅小区金奖

沈阳皇城恒隆广场工程 — 中国建设工程鲁班奖

中国医科大学附属第一医院（国家优质工程优质奖）

沈阳地铁1号线北延线项目

马普托国际机场

地　址：沈阳市浑南新区天赐街7号曙光大厦C座9F
电　话：024—23769822　024—22947927
传　真：024—23769541
网　址：http://www.syjlzx.com

连云港市广播影视文化产业城工程

连云港金融中心

连云港海滨疗养院原址重建项目

城建大厦

江苏润科现代服务中心

连云港市快速公交一号线

江苏省电力公司职业技能训练基地二期综合楼
工程－国家优质工程奖

连云港市海州湾会议中心工程

LCPM

连云港市建设监理有限公司

连云港市建设监理有限公司（原连云港市建设监理公司）成立于 1991 年，是江苏省首批监理试点单位，具有房屋建筑工程和市政公用工程甲级监理资质，人防工程甲级监理资质，机电安装工程乙级监理资质，工程造价咨询乙级资质，招标代理乙级资质，被江苏省列为首批项目管理试点企业。公司连续五次获得江苏省"示范监理企业"的荣誉称号，连续三次被中国建设监理协会评为"全国先进工程监理企业"，获得中国监理行业评比的最高荣誉。公司 2001 年通过了 ISO9001-2000 认证。公司现为中国建设监理协会会员单位、江苏省建设监理协会副会长单位、江苏省科技型 AAA 级信誉咨询企业。

经过 20 多年工程项目建设的经历和沉淀，公司造就了一大批业务素质高、实践经验丰富、管理能力强、监理行为规范、工作责任心强的专业人才。在公司现有的 145 名员工中，高级职称 49 名、中级职称 70 名，国家注册监理工程师 41 名，国家注册造价工程师 7 名，一级建造师 13 名，江苏省注册监理工程师 61 名，江苏省注册咨询专家 9 名。公司具有健全的规章制度、丰富的人力资源、广泛的专业领域、优秀的企业业绩和优质的服务质量，形成了独具特色的现代监理品牌。

公司可承接各类房屋建筑、市政公用工程、道路桥梁、建筑装潢、给排水、供热、燃气、风景园林等工程的监理以及项目管理、造价咨询、招标代理、质量检测、技术咨询等业务。

公司自成立以来，先后承担各类工程监理、工程咨询、招标代理 2000 余项。在大型公建、体育场馆、高档宾馆、医院建筑、住宅小区、工业厂房、人防工程、市政道路、桥梁工程、园林绿化、公用工程等多个领域均取得了良好的监理业绩。在已竣工的工程项目中，质量合格率 100%，多项工程荣获国家优质工程奖、江苏省"扬子杯"优质工程奖及江苏省示范监理项目。

公司始终坚持"守法、诚信、公正、科学"的执业准则，遵循"严控过程，科学规范管理；强化服务，满足顾客需求"的质量方针，运用科学知识和技术手段，全方位、多层次为业主提供优质、高效的服务。

公司地址：江苏省连云港市朝阳东路 32 号（金海财富中心 A 座 11 楼）
电　话：0518－85591713
传　真：0518－85591713
电子信箱：lygcpm@126.com
公司网址：http://www.lygcpm.com/

驿涛项目管理有限公司

公司是驿涛集团旗下主要的、最具实力的子公司，原成立于2004年2月5日，在2006年8月由厦门市驿涛建设技术开发有限公司更名为福建省驿涛建设技术开发有限公司，2015年10月经国家工商行政管理总局批准更名为驿涛项目管理有限公司。公司注册资本人民币5001万元，是一家经各行业行政主管部门批准认定的、集工程项目全过程管理、工程管理软件开发的综合性、高新技术企业。公司总部位于厦门经济特区，在福建全省各地市及北京、上海、天津、重庆、成都、西安、南京、安徽、河南、湖北、广东、深圳、海南、云南、贵州、青海、内蒙古、新疆、西藏等地设50多家分支机构。

公司具有甲级招标代理、甲级政府采购、甲级造价咨询、甲级房建工程监理、甲级市政公用工程监理、水利工程监理、人防工程监理、中央投资招标代理、建筑工程设计、市政公用工程设计、工程咨询、房屋建筑工程施工总承包、市政公用工程施工总承包、机电、智能化、石油化工、环保工程、装饰工程施工，档案服务和档案数字化等二十多种资质。公司现有员工300多人，有教授级高级工程师、高级工程师、高级经济师、工程师、经济师、注册建筑师、注册城市规划师、注册结构工程师、注册电气工程师、注册公用设备工程师、注册咨询工程师、注册造价工程师、注册招标师、注册监理工程师、注册建造师等工程技术人员以及软件工程师、网络维护、营销人员等各种专业技术人才。公司大专以上学历人员占公司人数的95%以上，均长期在工程建设各领域从事技术管理工作，知识结构全面，工作经验丰富。

经过驿涛人的不懈努力，驿涛品牌深得广大客户、行政主管部门及社会各界的广泛认可和好评，公司各项业务迅速开拓并取得良好的社会效益和经济效益。公司完成了民用建筑、工业厂房、市政公用、园林景观、机电设备、铁路、公路、隧道、港口与航道、水利水电、电力、石油化工、通信等各类型的工程。建设项目的全过程项目管理（项目代建）、工程咨询、工程设计、招标代理、PPP工程项目、政府采购、造价咨询、工程施工、工程监理、档案数字化业务。公司管理的多个工程项目获得各部门的多次奖励，主要有"省级优秀造价企业""参编省级工法""省级优良工程""省级示范工地""优秀成果奖""优秀审计单位奖""市级文明工地""市优质工程"等称号。公司历年获依法纳税标兵、福建省一级地标达标单位、全国质量诚信AAA等级单位、福建省AAAAA级档案机构等荣誉，荣获福建省2016年度的优秀造价咨询企业第二名。并获得"2016年度中国最具竞争力招标代理机构百强"靠前，"2016年度中国工程建设项目招标代理机构30强""2016年度福建省招标代理机构首选品牌""2016年度中国招标代理机构优质服务奖（五星级）"等荣誉。

公司始终坚持追求卓越的经营理念，坚持以人为本管理理念，在公司党支部和工会领导下，员工有良好的凝聚力。企业形成爱心、奉献、共赢的文化。公司以全新理念指导企业发展，为保证公司技术质量、管理质量、服务质量能同步发展，自主研发了"驿涛招标代理业务管理系统""驿涛造价咨询业务管理系统""驿涛监理业务管理系统""驿涛软件开发业务管理系统""驿涛分支机构业务管理系统""驿涛预算软件""驿涛城建档案管理系统""驿涛档案在线采集软件"等系统。公司通过了质量管理体系ISO9001：2008（QMS）、环境管理体系ISO14001：2004（EMS）、职业健康管理体系18001：2007、GB/T50430-2007（OHSAS）等认证。

公司致力于为工程项目的全过程管理提供优质服务，严格按照"求实创新、诚信守法、高效科学、顾客满意"的服务方针，崇尚职业道德，遵守行业规范，用一流的管理、一流的水平，竭诚为客户提供全面、优质的建设服务，努力回馈社会，真诚期待与社会各界朋友的精诚合作。

地　址：福建省厦门市湖里区枋湖北二路1034号万众科技园3号楼6A
电　话：4006670031　0592-5598095
邮　箱：1626660031@qq.com
网　址：http://www.ytxm.com

兰考高铁站

商丘医学高等专科新校区

永威城项目效果图

豫东综合物流集聚区聚九路

郑州师范学院

郑州市热力总公司枣庄热源厂

郑州市中医院病房综合楼

中原金融产业园

鹤壁新区朝歌文化博物馆

郑州基业工程监理有限公司

郑州基业工程监理有限公司创立于 2002 年，从事工程监理、招标代理、造价咨询、建设工程项目管理、技术咨询等业务，公司现有房屋建筑工程监理甲级、市政公用工程监理甲级、水利水电工程监理、电力工程监理、公路工程监理、人防工程监理、工程招标代理、中央投资项目招标代理、政府采购、造价咨询资质和建设工程司法鉴定业务，是河南省建设监理协会副秘书长单位，河南省招标投标先进单位，河南省信用建设示范单位，守合同重信用单位。

人力资源：公司工程管理实力雄厚，拥有一支长期从事大中型工程建设、经验丰富、熟悉政策法规、专业齐全、年富力强的专业技术团队。公司现有员工 400 余人，教授级高级工程师 3 人，高级工程师 26 人，工程师 200 人，助理工程师 120 人，技术员 51 人。其中国家注册监理工程师 50 人，注册造价师 12 人，注册一级建造师 12 人，注册安全工程师 6 人，注册结构工程师 2 人，省级专业监理工程师 150 人，监理员 118 人，其他技术人员 50 人。实现了全员持证上岗，并有多名员工获得省、市级的荣誉奖励。

组织机构及管理制度：公司实行董事会领导下的总经理负责制，公司机构设置包括：领导管理层、技术专家委员会、经营管理中心、招标代理中心、造价咨询中心、财务管理中心、工程管理中心、综合办公室、人力资源中心、项目督查考核组等职能管理部门，各单项工程实行项目经理或总监理工程师负责制，实行强矩阵的组织机构管理模式。根据守法、诚信、公平、科学的原则建立质量保证体系和一系列规章制度，使管理工作科学化、制度化、规范化。定期贯彻实行项目部督查和监理工作回访制度，为业主提供满意的服务。

标准化管理：公司发展过程中逐渐形成了一套自己标准化的管理体系，组织编写了《员工手册》《作业指导书》《作业工作标准》《项目资料归档标准》等企业规范性文件，除此之外，取得了质量管理体系、环境管理体系、职业健康安全管理体系认证证书。公司引进和辅助开发了适合企业管理特色的 OA 办公自动化系统，该系统协同公司管理层和项目部实现同步信息共享，极大地提高了公司综合管理水平。

业务涉及领域：公司重视自身建设，强化内部管理，坚持开拓创新和高标准咨询服务，公司业务已遍布全省及国内部分省市，我们提供服务的项目类型包括住宅、商务办公楼、酒店宾馆、科技园区、工业厂区、市政道路及绿化、农田水利、基础设施、学校、医院等。合同履约率 100%，工程质量合格率 100%，客户服务质量满意率 98%，且所承接项目获得业主的充分肯定，得到了行业主管部门的高度认可，并多次荣获"省、市先进监理企业""省安全文明工地""中州杯""省优质工程"等奖项。

服务宗旨：在建设项目实施过程中，坚持"守法、诚信、公平、科学"的方针；坚持"严格监理、保持公平、热情服务"的基本原则，为业主提供优质的技术咨询服务，维护各方的利益，通过严格的监控、科学的管理、合理的组织协调，实现合同规定的各项目标，为工程项目业主提供全过程、全方位的工程管理咨询服务。

地　址：河南省郑州市金水区纬五路 12 号河南合作大厦 B 座 16 楼
电　话：0371—53381156、53381157
传　真：0371—86231713
网　址：www.hnjiye.com
邮　箱：zzjy_jl@163.com

CISDI 重庆赛迪工程咨询有限公司
Chongqing CISDI Engineering Consulting Co., Ltd.

全 过 程 工 程 咨 询 服 务 专 家

重庆赛迪工程咨询有限公司（以下简称"赛迪工程咨询"）始建于1993年，系中冶赛迪集团有限公司和中冶赛迪工程技术股份有限公司共同出资设立的国有企业。公司拥有工程监理综合资质（含14项甲级资质）、设备监理甲级资质、建设工程招标代理甲级资质和中央投资项目甲级招标代理资质等甲级资质，是国内最早获得"英国皇家特许建造咨询公司"称号的咨询企业。可以承担14个类别的建设工程的工程监理、设计监理、设备监理、项目管理、工程招标代理、造价咨询和技术咨询等业务，在钢结构工程、大型公共建筑工程（体育场馆、大剧院、会展中心等）、市政工程（城市轨道交通、城市综合交通枢纽）等方面有丰富的经验，其业绩遍布国内30个省市并延伸至海外，业务覆盖市政、房建、电力、冶金、矿山及其他工业等多个领域。

赛迪工程咨询拥有国家监理大师1名以及一批获得英国皇家特许建造师、国家注册监理工程师、国家注册造价工程师、国家注册招标师等国家注册执业资格者，并有多人获得"全国优秀总监""优秀监理工程师""优秀项目经理"等荣誉，现有员工1000余人。

赛迪工程咨询技术力量雄厚，管理规范严格，服务优质热情，赢得了顾客、行业、社会的认可和尊重，自2000年以来，连续荣获建设部、中国监理协会、冶金行业、重庆市建委等行业主管部门的协会授予的"先进""优秀"等荣誉，连续荣获"全国建设监理工作先进单位""中国建设监理创新发展20年工程监理先进企业""全国守合同重信用单位""全国冶金建设优秀企业""首届全国优秀设备工程监理单位""重庆市先进监理单位""重庆市招标投标先进单位""重庆市文明单位""重庆市质量效益型企业""重庆市守合同重信用单位"等称号，获得AAA级资信等级。

赛迪工程咨询服务的众多项目获得了中国建筑工程鲁班奖、詹天佑土木工程大奖、国家优质工程奖、中国钢结构金奖、全国建筑工程装饰奖、中国安装工程优质奖、中国市政金杯奖及省部级的巴渝杯、山城杯、天府杯、蜀安杯、邕城杯、黄果树杯、市政金杯、杜鹃花奖等奖项。

赛迪工程咨询标准化建设及信息化管理水平已跻身行业前列。近年来，针对BIM技术进行了丰富的实践和研究，目前已开发BIM系统应用，并将其成功运用到宜昌奥体中心、重庆中梁山隧道、重庆火车北站综合交通枢纽等工程项目中，获得中国建设工程BIM大赛"BIM卓越工程项目奖"、第十五届中国住博会最佳BIM施工应用奖优秀奖。

赛迪工程咨询坚持为客户创造价值，做客户信赖的伙伴，尊重员工，为员工创造发展机会，实现公司和员工和谐发展的办企宗旨，践行智力服务创造价值的核心价值观，努力做受人尊敬的企业，致力于成为项目业主首选的、为工程项目提供全过程项目管理服务的一流工程咨询公司。

地　　址：重庆市渝中区双钢路1号
公开电话：023-63548474　63548798
招聘电话：023-63548796
传　　真：023-63548035
公司招聘邮箱：023sdjl@163.com
网　　址：http://www.cqsdjl.com.cn/

贵阳奥林匹克体育中心体育场（获得2012~2013年度中国建设工程"鲁班奖"、第十一届中国土木工程詹天佑奖）

中国西部国际博览城（中国西部国际博览会和中国西部国际合作论坛永久会址，天府新区重大核心项目）

重庆国际马戏城建设项目一期钢结构工程——2015年中国钢结构金奖（国家优质工程）

重庆市大剧院（获得2010~2011年度中国建设工程"鲁班奖"、第十届中国土木工程詹天佑奖、重庆市2009年巴渝杯优质工程奖）

昆明西山万达广场A区大商业（2016~2017年度第一批国家优质工程奖）

来福士广场（重庆市朝天门坐标性工程）

无锡市轨道交通1号线工程（2016~2017年度第一批国家优质工程金质奖）

重庆江北国际机场东航站区及第三跑道建设项目

重庆市巴南区龙洲湾隧道项目

背景图片说明：重庆国际博览中心（获2014~2015年度中国建设工程"鲁班奖"；2012、2013年度重庆三峡杯优质结构工程奖、2013年度重庆巴渝杯优质工程奖）

昆明市行政中心

昆明顺城城市综合体

欣都龙城城市综合体

新昆华医院

颐明园

云内动力股份有限公司整体搬迁

云南新迪建设咨询监理有限公司

云南新迪建设咨询监理有限公司成立于 1999 年，具有建设部颁发的房屋建筑工程及市政工程监理甲级资质，是云南省首批工程项目管理试点单位之一。公司发展多年来一直致力于为建设单位提供建设全过程、全方位的工程咨询、工程监理、工程项目管理、工程招标咨询、工程造价咨询等服务。

多年来，新迪监理公司一直以追求优异的服务品质为导向，以最大限度地实现管理增值为服务理念，以打造一流的、信誉度较高的的综合性咨询服务企业，打造具有新迪风格、职业信念坚定、在行业内具创新能力、技术与管理水平代表行业较高水平的品牌总监理工程师及品牌项目经理为发展愿景。在坚持企业做专做精、差异化服务战略的前提下，提倡重视个人信誉、树立个人品牌；强调在标准化、规范化管理的前提下实现监理创新，切实解决工程建设中的具体问题。公司通过 ISO 质量体系、ISO14001 环境管理体系、OHSMS18001 职业健康安全管理体系认证并保持至今。公司多年来荣获国家、云南省、昆明市等多项荣誉，其中有全国先进工程监理企业、云南省人民政府授予的云南省建筑业发展突出贡献企业、云南省先进监理企业、昆明市安全生产先进单位等。

公司发展 18 年来，聚集了大批优秀的工程管理人才，多名员工荣获全国先进监理工作者、全国优秀总监理工程师、全国优秀监理工程师、云南省优秀总监理工程师、云南省优秀监理工程师等荣誉。

公司 18 年来监理工程 700 余项，并完成 10 余项工程项目管理，类型涉及高层及超高层建筑、大型住宅小区、大中学校、综合医院、高级写字楼、影剧院、高星级酒店、综合体育场馆、大型工业建筑等房屋建筑工程和市政道路、污水处理、公园、风景园林等市政工程，其中 50 余项工程荣获国家优质工程奖、詹天佑土木工程大奖、全国用户满意奖、云南省优质工程奖等。

地　址：云南昆明市西园路 902 号集成大厦 13 楼 A 座
邮　编：650118　　E-mail：xindi@xdpm.cn
电　话：0871-68367132、65380481、65311012
传　真：0871-68058581

云南民族大学

西安四方建设监理有限责任公司

巴基斯坦议会大厦太阳能发电工程　西安服务外包产业园创新孵化中心 ABCD 座

西安四方建设监理有限责任公司成立于 1996 年，是中国新时代国际工程公司（原机械工业部第七设计研究院）的控股公司，隶属于中国节能环保集团公司。公司是全国较早开展工程监理技术服务的企业，是业内较早通过质量管理体系、环境管理体系、职业健康安全管理体系认证的企业，拥有强大的技术团队支持、先进管理与服务理念。

公司具有房屋建筑工程甲级监理资质、市政公用工程甲级监理资质、电力工程乙级监理资质、人防工程监理资质，工程造价甲级资质、工程咨询甲级资质，可为建设方提供房屋建筑工程、市政工程、环保工程、电力工程监理，技术服务、技术咨询、工程造价咨询，工程项目管理与咨询服务。

延安市小砭沟至消林村道路工程二标段工程

公司目前拥有各类工程技术管理人员 400 余名，其中具有国家各类注册工程师 100 余人，具有中高级专业技术职称的人员占 60% 以上，专业配置齐全，能够满足工程项目全方位管理的需要，具有大型工程项目监理、项目管理、工程咨询等技术服务能力。

公司始终遵循"以人为本、诚信服务、客户满意"的服务宗旨，以"守法、诚信、公正、科学"为监理工作原则，真诚地为业主提供优质服务。创造价值。先后监理及管理工程 1000 余项，涉及住宅、学校、医院、工厂、体育中心、高速公路房建、市政集中供热中心、热网、路桥工程、园林绿化、节能环保项目等多个领域。在 20 多年的工程管理实践中，公司在工程质量、进度、投资控制和安全管理方面积累了丰富的经验，所监理和管理项目连续多年荣获"鲁班奖""国家优质工程奖""中国钢结构金奖""陕西省市政金奖示范工程""陕西省建筑结构示范工程""长安杯""雁塔杯"等 100 余项奖励，在业内拥有良好口碑。公司技术力量雄厚，管理规范严格，服务优质热情，赢得了客户、行业、社会的认可和尊重，数十年连续获得"中国机械工业先进工程监理企业""陕西省先进工程监理企业""西安市先进工程监理企业"荣誉称号。

中国新时代国际工程公司总部研发　延安大学新校区建设工程
大楼工程

公司将依托中国节能环保集团公司、中国新时代国际工程公司的整体优势，为客户创造价值，做客户信赖的伙伴，以一流的技术、一流的管理和良好的信誉，竭诚为国内外客户提供专业、先进、满意的工程技术服务。

西安秦王二路至秦汉大道渭河特大桥　西安交大二附院门诊住院楼工程
工程

地　址：陕西省西安经济技术开发区凤城十二路 108 号
邮　编：710018
电　话：029-62393839　029-62393830
网　址：www.xasfjl.com
邮　箱：sfjl@cnme.com.cn

重型液力自动变速器（AT）及出口齿轮生产基地项目

中天·未来方舟

贵州大学花溪校区扩建工程中心图书馆

孔学堂

金阳新区贵阳市轨道交通运营管理中心及配套项目

贵州建工监理咨询有限公司

"贵州建工监理咨询有限公司"原名为1994年6月成立的"贵州建工监理公司"，系贵州省首家监理企业、贵州省首家甲级监理企业。公司于1994年成为中国建设监理协会理事单位。1996年经建设部审定为甲级监理资质。2001年加入贵州省建设监理协会，系贵州省建设监理协会副会长单位。2007年3月完成企业改制，更名为"贵州建工监理咨询有限公司"，公司注册资本800万元人民币。2008年成为建设工程招标投标管理分会会员。2009年审定为贵州省首批甲级工程项目管理企业。2013年成为贵州省建设工程招标投标协会理事会员。2013年成为贵州省造价管理协会会员。2015年成为贵州省项目管理协会副会长单位。

公司成立至今，多次荣获国家"先进工程建设监理单位"贵州省"优秀监理企业"等称号，具有"质量管理体系GB/T 19001-2008/ISO 9001：2008"、"环境管理体系GB/T 24001-2004/ISO 14001：2004"、"职业健康安全管理体系GB/T 28001-2011/OHSAS18001：2007"等多项国际认证。2006年至今连续荣获贵州省"守合同、重信用"单位称号。2013年8月，荣获"全国质量管理AAA级工程监理企业"称号。2015年1月，由贵州省城乡和住房建设厅、贵州省统计局评选为"贵州省建筑业100个骨干企业"。2017年2月，由贵州省诚信建设促进会和贵州省发展改革委员会评选为"贵州省诚信示范企业"，迄今为止，公司已与省内多所大专院校签订战略合作协议，并作为其教学训练场所和实训基地。

公司业务及资质范围包括：工程监理、工程项目管理、工程招标代理、政府采购、工程造价咨询等。先后在全国各地区承接监理项目3000余项，已完成监理项目2500余项；总监理面积达1亿m²，已完成监理工程总面积达7500余万m²。

公司现有1000余名高、中级工程管理人员和工程技术人员。此外，公司还拥有一批退休特聘的知名专家和学者，并且还首创性地设立了各个专业独立的专家库，能随时为业主提供强大的技术咨询和服务。公司通过多年的技术及经验累积，编纂了《监理作业指导纲要汇编》《在监项目监理工作检查与考评标准》《项目管理工作作业指导书》《监理项目管理信息系统作业指导手册》等具有自有知识产权的技术资料。

近年来，不断改进和提升企业的管理方式，2015年公司与广联达BIM中心达成战略合作伙伴协议，成为贵州省住建厅及贵州省监理协会认可的全省唯一指定的"BIM项目管理信息系统"示范单位。并率先在全省范围内建立、实施并推行"监理项目管理信息系统"。经过不断地探索和实践，公司现已将"监理项目管理信息系统"和"BIM项目管理信息系统"二者进行了有效整合，为企业提供了强大的技术支撑。

在今后的发展过程中，竭诚为广大业主提供更为优质的服务，并朝着"技术一流、服务一流、管理一流"的创新型、服务型企业而不懈努力和奋斗。

峰会国际大厦

桐荫路